What is Tanuki?

佐伯 緑

SAEKI MIDORI

東京大学出版会

What is Tanuki?
Midori SAEKI
University of Tokyo Press, 2022
ISBN978-4-13-063379-6

はじめに

タヌキは日本を代表する動物といえると思う。奥山から大都会や小さな島々まで、沖縄県を除く全国に広く生息しており、里山や都市近郊ではヒトと非常に近い距離で生きている。日本人の心にも彼らは住みつき、昔話などにこれほど出演する動物はそうはいない。あるときは妖怪、あるときは大明神、化けても化かしても愛されるキャラクターである。しかし、その生態や進化については、曖昧模糊なところがある。アナグマやアライグマとの混同も多発している。このあたりで現在わかっている情報と知識を整理し、一般向けに提示するのも意義があることだと思う。より理解され、愛されるために。

第1章では、タヌキの生物としての基本スペックをできる限り拾い出してから、里山における生きざまを紹介する。第2章では、タヌキ属の生まれた謎を探り、現在進行形の進化の軌跡を追い、その深い謎と複雑な進化の不思議に触れる。第3章では、海外におけるタヌキの立場に迫るため、外来生物として問題の把握と科学的な対策の重要性を、感染症の媒介者として生態系や人類に与える影響を、そして養殖場で毛皮となっている現実を取り上げる。第4章では、化ける・化かす狸を考察し、野外研究者ならではの化かされる快感を昔話として展開する。第5章では、タヌキとわれわれ人間との間に起こる軋轢をテーマとする。タヌキが一方的に起こす問題ではなく、私たちがいろいろやらかしていることに注目してほしい。第6章では、「総合科学」と銘打って、タヌキを例に野生生物の幸せがなにかを追究する。野生生物の価値を考えてみること、そのための科学の客観性と科学者の良心に、そしていつの日か、科学的判断にもとづいて人間社会が（少なくとも心が）、動くことに期待したい。

いつかタヌキの本を書こうと思っていた。一行も書かないうちにタイトルを決めていた。恐れ多くも極真カラテの生みの親である大山倍達総裁の著書『What is Karate?』を真似たものだ。黒帯といってもまだ初段の私だが（いや、極真の黒帯はある意味「博士号」を取るよりむずかしいと思うが）、タヌキに関しては費やしたフィールドワークの時間や、読んだ論文の数には自信がある。「千日をもって初心とし、万日をもって極みとす」にもとづくと、初心はやすやすとクリアしている。これからも極みを目指し、大いなる狸想を掲げ、狸念を重んじ、真狸の追究を続けることを誓う。

＊本文中の引用文献の著者の所属は発表当時のものとした。

What is Tanuki?／目次

おわりに／巻末エッセイ／引用・参考文献

イラスト：佐伯　緑

寸勁とは、わずかな身体動作で大きな威力を生む技法で、肩関節の遊び程度の微動作で一瞬にして瓦を十数枚割ることもできる。中国拳法の技である。

What is Tanuki?

第1章　タヌキの生き方——タヌキの生物学

タヌキは身近な野生生物だといわれる。確かに日本人の大半が名前やおよその外見は知っている。だが、タヌキの絵を描いてといわれて、多くの人が尻尾に縞を入れてしまう。ましてや生きているタヌキの正確な特徴や実際の生活については、知らない人がほとんどだろう。それは、一つにはわかっていないことが多いせいである。二つには、さまざまな環境に生息するつかみどころがない生態にも一因がある。三つには、「野生」ということが、理解を阻んでいるのかもしれない。個性豊かな野生生物は一般化しがたい。そして生きている野生タヌキを垣間見ることができたら、一撃必殺……ではなく一期一会なのである。

1　スポーツテスト――身体と感覚

身体測定

タヌキってどれくらいの大きさだろうか。子どもサイズがいない時期に「子ダヌキが……」などと書かれた新聞記事を何度か見た覚えがある。実際に見たら小さいと感じる人が多いのだろう（図1－1）。冬のタヌキはけっこう立派に見えると思うのだが、店先の信楽焼を見慣れていたら、それでも痩せているか……。

春生まれのタヌキも一〇月になると体格は成獣と大差がなくなる。雌雄差もほとんどない。「寒い地域に生息する個体群のほうが体は大きくて重い」というベルクマンの法則はあてはまると思う。地域差はありそうだが、傾向を出せるまでのデータ数はない。そこでデータの多い関東地方における一〇月以降の当歳を含む値を、個人的に測定したものと論文などに記載されているものを集計したデータで見てみよう。頭と体の長さ（頭胴長）が五〇～六〇センチメートル、尻尾（尾長）が一五～二〇センチメートル、左後ろ足の踵から爪を除いたつま先まで（後肢長）が約一一センチメートル、左耳の長さ（耳介長）が約五センチメートルである。左を測るのは動物学の習わし（手抜き）だ。もう少し正確に記載すると、平均センチメートル±標準偏差（標本数）で、頭胴長＝五四・五±五・〇（一八二）、尾長＝一七・三±二・五（一八四）、後肢長＝一〇・九±〇・七五（一六五）、耳介長＝四・七±〇・八六（七七）になる。
体重は季節によってずいぶん違う。集計データの平均値では、二月から七月の軽い半年では四・一キログラム±〇・八三（七八）、八月から一月の重い半年では四・七キログラム±〇・九五（一三七）であった。使ったデータは捕獲個体やロードキル（交通事故）が主なので、若い個体に偏っていると思われ、捕獲されたり車に轢かれたりしにくい「壮年」タヌキは、もう少し重いと考えられる。一個体では普通、秋に一・三〜一・五倍ほどに増量し、半年でもとに戻る。六〇キログラムの人が三〜五カ月で八〇〜九〇キログラムになり、毎年また六〇キログラムに戻る計算である。

足が短いんじゃなくて
姿勢を低くしているんだよ…

図 1-1　地面を嗅いでいるタヌキ。

食肉目イヌ科であるタヌキの骨格は、基本的にイヌと同じだ。イヌ科の特徴はその歯と足にある。食肉目の定義の一つである裂肉歯は、奥から三本目にあたる上顎第四前臼歯と下顎第一臼歯で、尖った頂をいくつも持つ山脈さながらである。イヌ科の歯列は食肉目のなかでも一番祖先の形態と数を残しているといわれる。上顎には、片側に切歯が三本、犬歯が一本、前臼歯が四本と臼歯が二本生えている。下顎は臼歯が三本ずつになり、全部で四二本になる（ただし、とくに前臼

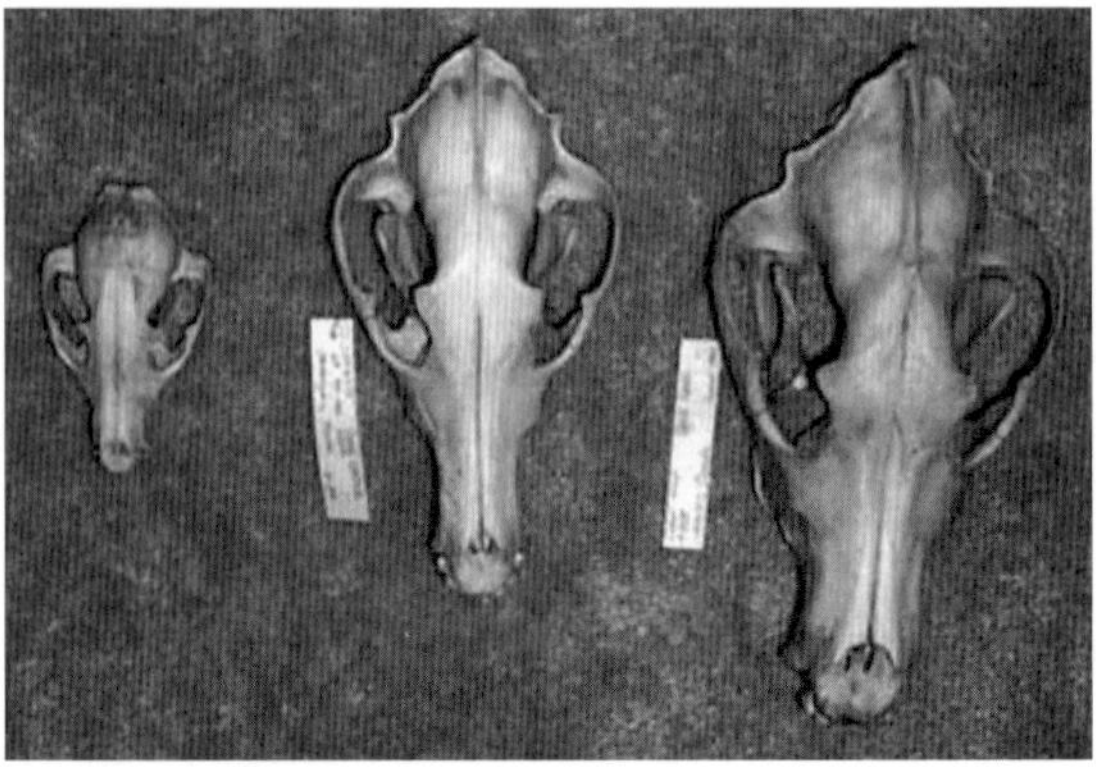

図 1–2　イヌ科３種の頭骨。左からタヌキ（千葉県産）、コヨーテ *Canis latrans*（米国メイン州産）、オオカミ *Canis lupus*（カナダ・ラブラドール産）。

歯・臼歯には欠損や過剰が起こることがある）。タヌキもこの基本形は保っている。頭骨は、オオカミやコヨーテと相似形に見えるが（図１－２）、これらイヌ属 *Canis* の二種とは大きさ以外に微妙な違いがある。オオカミやコヨーテでは、後頭骨後部が尖って高い矢状隆起に続いていて、大きな咀嚼筋（側頭筋）がつくことを示している。対してタヌキの後頭骨後部はやや凹み、頭頂部もつるんとしている。背骨は、手元の標本で数えてみると、頸椎が七、胸椎が一三、腰椎が七、仙椎が三（癒合している）で、最後に尾椎は一七個まで数えられ、先端の骨は爪楊枝より細い直径一・一ミリメートルしかない。これは大阪市立大学医学部の阿部みき子氏が報告した正常椎骨数と同じで、尾椎以外の数はイヌやキツネと同じである（阿部 一九八三）。足の長さはやはりキツネのほうが長く、農研機構中央農業研究センターの竹内正彦氏による後肢長の計測値が、オスで一四・九±〇・七（一二三）、メスで一四・一±〇・七（一六）センチメートルとなり、およそ一・三倍、四センチメートルほど違う（Takeuchi 2010）。また、霊長類学者の福田史夫氏のウェブサイトに掲載されている腓骨・脛骨の写真から推定すると、キツネの腓骨の長さもタヌキの約一・三倍であった。図1－1はタヌキの負け惜しみ（？）かもしれないが、アナグマとキツネの間をいく採食仕様に適しているのだろう。

体力テスト

タヌキは器用貧乏である。走りも泳ぎも登りも狩りも、ある程度はこなせる。しかし同じ食肉目内で、走りはオオカミに、泳ぎはカワウソやイタチに、木登り・降りはアライグマやハクビシンやテンに、狩りはキツネやオオカミに、穴掘りも自分の体分くらいは掘れるが、アナグマに敵《かな》わない。

走る速さは、骨格と体重が決め手となる。それらと足の大きさがほぼ同じで木にも登るハイイロギツネが時速四二～四五キロメートルといわれているので、タヌキも四〇キロメートル程度は出せると考えられる。男子中高生の五〇メートル走平均はおよそ七～八秒、時速二三～二六キロメートルとなり、タヌキに負ける。一方、オオカミは時速五六～六四キロメートルで四〇〇〇メートル走った報告があり、走るよう選ばれたグレイハウンドは時速七〇キロメートル出るらしい。

タヌキの足は、イヌと同じく指四本が地面に着く爪先歩行（趾行《しこう》）で長さを稼ぎ、指もつかむより走るほうへと特化している（図1－3）。とはいえタヌキの爪は、イヌに比べてややネコっぽい。引っ込みはしないが、とくに前足はカーブし先は尖っている。指自体も広がりやすく、足跡が「梅の花」といわれる由縁だ（図1－4）。イヌは立入防止柵《フェンス》を登るとしたら金網に前足の掌球または手根球を引っかけるが、タヌキは爪や指球を使って登ることができる。また、テンは頭を下にして木から降りることができるのに対し、タヌキは「落ちるの前提」かと思われるほど無造作に降りる（落ちる）。

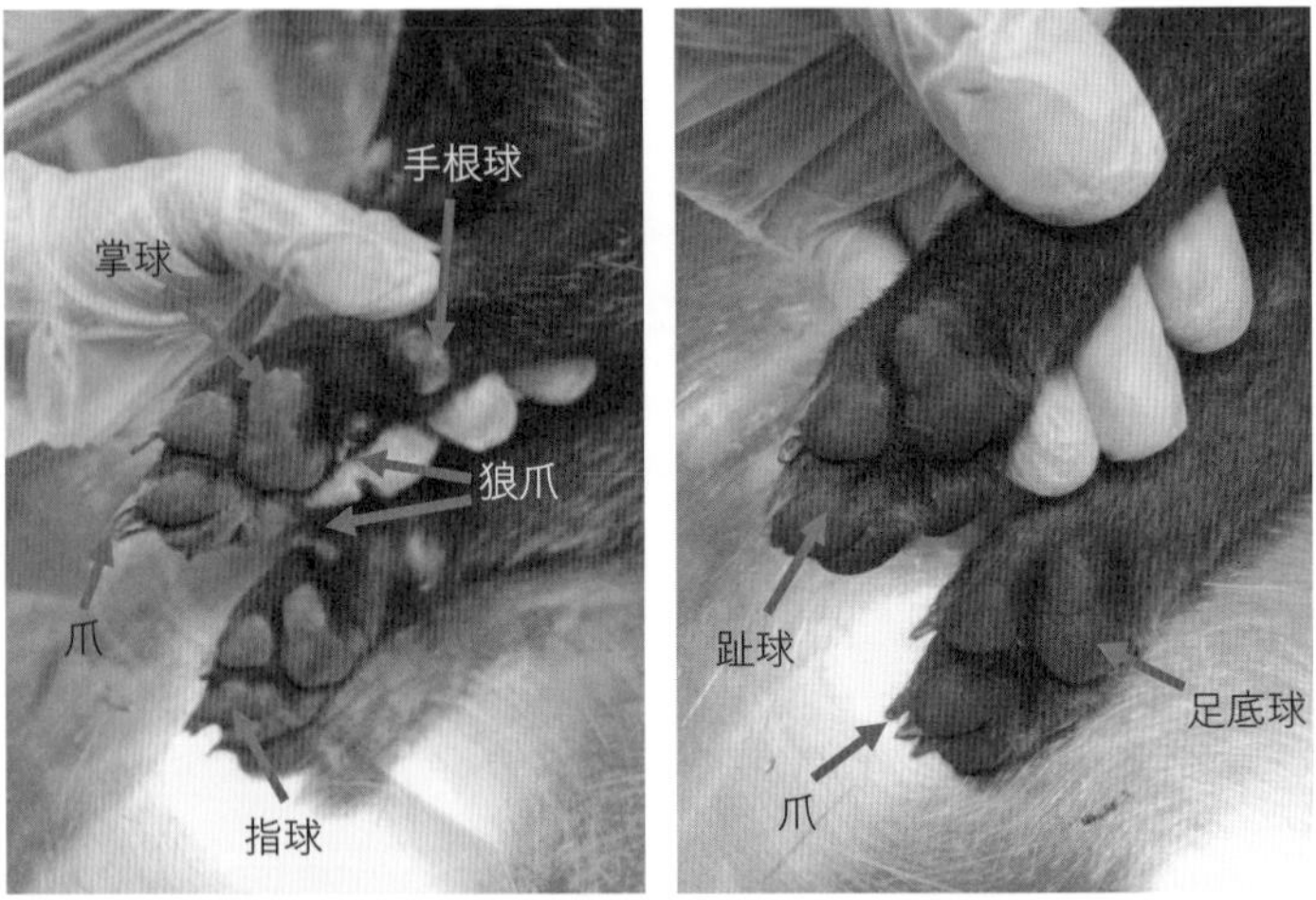

図 1–3　タヌキの前足（左）と後ろ足（右）。

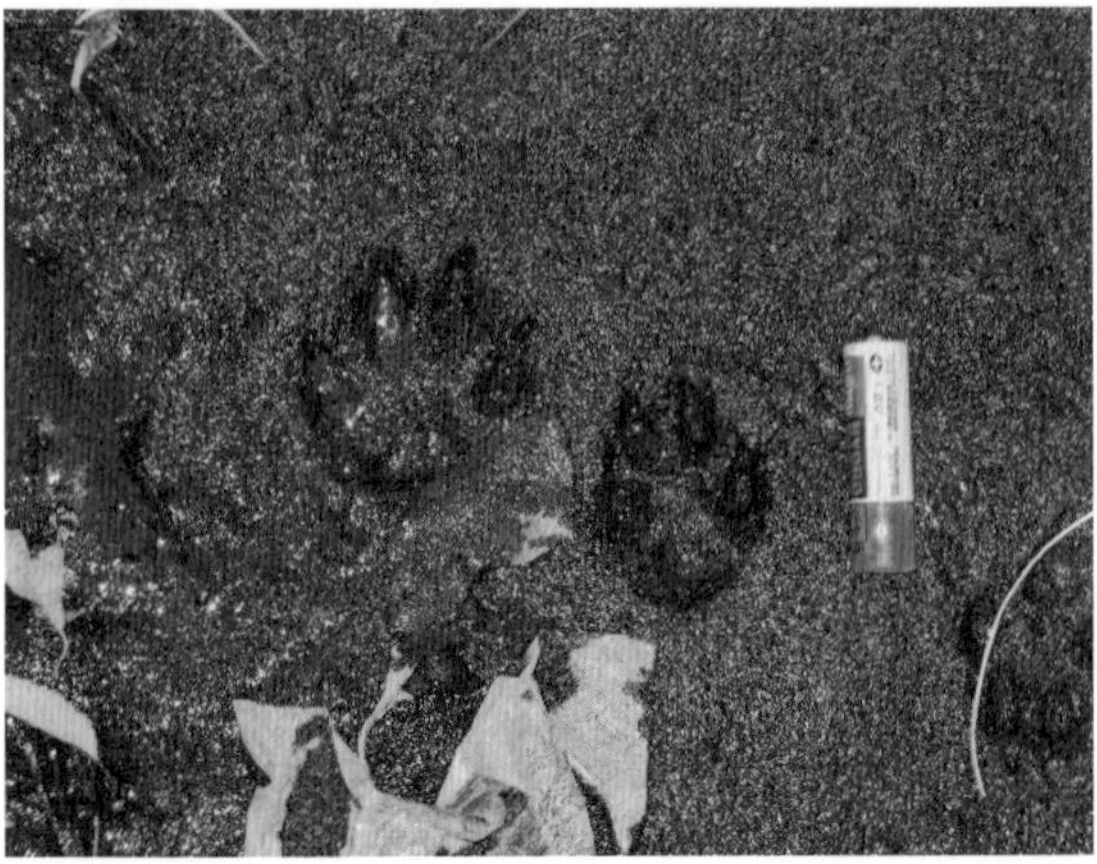

図 1–4　タヌキの足跡（左が前足、右が後ろ足）。重ならないのがキツネと違うところ。単三電池の長さは 5 cm。

タヌキの噛む力は、体重五キログラム程度の飼いイヌよりは強いと思われる。私は、まったく自慢にならないが、(小学生のとき) 小型のテリアや (大学院生のとき) 大型のロットワイラーに腿を噛まれた経験があるので、噛む力を体感しているのだ。テリアは本気で噛んできたものの、皮膚はかすり傷程度、内出血ですんだ。ロットワイラーは、ランニング中の私を後ろから威嚇するためちょいと噛んだようだったが、犬歯はやすやすと筋肉を貫通し、今も太腿裏に傷跡が残る。箱罠から出す際、少し油断して頭を押さえようとした私の手をタヌキが麻袋越しに噛んだときは、皮膚をたやすく貫いた。保護個体を看病したときも、皮手袋の上に布製鍋づかみをはめていたが、手は血豆だらけになった。もちろん科学の世界では、噛まれずに推定した研究がある。英国リバプール大学筋骨格生物学部 (すごい学部があるものだ) のフェイ・ペンローズ氏らは、イヌ科一二種の頭部標本を使い、筋肉の構造的機能を分析した。タヌキの噛む力は弱い部類に入り、噛み締める力は裂肉歯で一八六ニュートン、犬歯で一三一ニュートンと推定され、それぞれオオカミの四割程度だったが、大口を開けて噛むより、小さく噛み締める力の効率はオオカミよりよかった (Penrose *et al.* 2020)。ただし、第2章でも触れるが、日本のタヌキは大陸のタヌキと比べ少し小柄で、頭骨や歯にも差があることがわかっており、噛む力もこれより弱いと考えられる。

得意といえば、小さな隙間を通るのがうまい。追跡していたタヌキが交通事故で九死に一生を得て、イヌ用のケージで飼養していたとき、傷が完治に近づいた夜に下部の八×六センチメートルの網目から脱走した。体重五・五キログラム、頭回り二六・五センチメートル、胸囲と胴回りが四〇センチメートルを超えるタヌキが、である。ケージを毛布で包んでいたので脱出箇所がわかったが、ケージだけなら

「化かされた」と思うしかなかったろう。直径一三センチメートルほど（呼び径一二五か）の排水口に入っていくタヌキを見たこともある。

このようになにかと控えめなタヌキだが、器用貧乏はじつは種（species）としてそう悪くはない戦略だ。ジェネラリストといえば、もう少しカッコいいかもしれない。環境の変化についていけるし、新しい生息地への進出もしやすいだろう。

感覚テスト

私は夜な夜な、タヌキからおよそ五〇メートル離れて追跡することが多かった。電波受信による方探精度が高く、相手に気づかれない範囲だ。方探とは、発信器をつけた対象からの電波がもっとも入る方向を二カ所以上の位置座標がわかるポイントから測定すること。三角測量法を用いて対象の位置を推定することができる。だから四季折々、天候や音と空気を彼らと共有している気がしていた。水を湛えたばかりの水田では、四方八方からのカエルの鳴き声が頭のなかでワーンと響き、濃い空気のなかに生きものの気配が充満するなか、足元に両頬を膨らませたトウキョウダルマガエルがいた。フィールドノートに書き込むときに点けたヘッドランプがなければ気づかなかったろう。同じ時空間にいながら、私とタヌキとでは感覚が異なるのだ。

感覚には感度と識別という要素がある。どれくらいの刺激で感じるかと、他と区別がつくかである。生理学的・形態学的観点から刺激への感度を推し測り、対応する受容体遺伝子の種類および数で判別能力を推察し、行動実験で確認できればよいのだが、タヌキの五感（嗅覚・視覚・聴覚・触覚・味覚）についての研究はほとんどないに等しい。

われわれヒトは視覚中心で世界観が形成されているが、哺乳類の大半は嗅覚中心である。嗅覚のよいところは、視覚が一瞬の情報であるのに対し、過去の時間経過がわかるところと、識別に時間をかけられるところである。警察犬や猟犬が痕跡を辿れるのも、新しいほうをじっくり探せるからだ。形態学的観点からの研究として、米国ＵＣＬＡの生態学・進化生物学部のパトリック・グリーン氏らは、鼻甲介（鼻の奥にあるピラピラした複雑な骨・軟骨）の嗅覚に関する部分と呼吸に関する部分の表面積を推定し、食肉目二一種で比較した。イヌ科でタヌキは、アリを主食とするオオミミギツネに次いで嗅覚・呼吸比が低く、嗅覚が鈍いと推察された。一般的に、タヌキのような雑食性が強い種は、広範囲に獲物を探す必要のあるオオカミやアカギツネなどの肉食性が強い種より嗅覚が鈍いと考えられる。それでもクマ科三種やアライグマよりは高い比率を示した（Green *et al.* 2012）。行動学的観点では、タヌキは「溜《ため》糞《ふん》」（latrine）と呼ばれる共同トイレを使う（図１－５）。飼育下で溜糞の機能を明らかにした京都大学動物行動学研究室の山本伊津子氏によると、ケージ内では一つの溜糞を家族で使い、溜糞の位置を移動させてもその上で排泄するし、知らないタヌキの糞を置くとその上にする。ただし知らないタヌキのだと、とくに初回は長く臭いを嗅いでいた。つまり、自分（家族）と他狸と臭いで識別できるということである（Yamamoto 1984）。また、タヌキにもオオカミやイヌと同様に尾腺（尾の根元の背側にあり皮脂腺とアポクリン腺からなる：tail gland）があり、嗅覚のコミュニケーションが発達していると考えられる。そして、イヌやキツネのようには研究はされていないが、タヌキも鋤鼻器官（Jacobson's organ）を持ち、フェロモンを感じることができるであろう。個体識別に加え、他個体の繁殖状況や情動

図 1–5　タヌキの溜糞。冬（左上）は、比較的数は少ないが、長く残り新旧の糞が判別できる。秋（右上）は、虫などによる消失・分解が速い。夏（下）でも、高密度の地域（これは島根県隠岐諸島の知夫里島）では多くの溜糞が確認される。左下（矢印）は牛糞。

までも感知している可能性が高い。

視覚については、タヌキも夜のライトに光る瞳が示すタペタムという反射板を備えている。脊椎動物ではタペタムを持っていないヒトのほうが少数派だ。夜行性に共通する視細胞における桿体細胞の高い割合により、弱光下でも見えることと引き換えに色覚は鈍くなる。米国カリフォルニア大学サンタバーバラ校心理学部のジェラルド・ジェイコブス氏らは、網膜電図交照法を使い、イヌ科四種（イヌ、アカギツネ、シマハイイロギツネ、ホッキョクギツネ）の明所視錐体の感受性の第一ピークの波長が、五五五ナノメートル（黄色）と第二ピークが四三〇〜四三五ナノメートル（青色）であると報告した（Jacobs *et al.* 1993）。イヌ科で種差がなかったことから、タヌキも同様であると推察できる。

タヌキの聴覚についての研究は、ルーマニアのイオン・イオネスク・デ・ラ・ブラッド農業獣医学大学のラルカ・ステファネスク氏らが聴覚脳幹誘発反応を調べた他には、今のところ見当たらない。その反応波形はイヌやネコおよびフェレットと類似しているという（Ştefănescu *et al.* 2020）。また、キツネの内耳・中耳の機能を研究したドイツのデュイスブルク・エッセン大学動物学部のエイハイシ・マルケンパー氏らは、キツネの聴力図がイヌやネコと似通っていることを示している（Malkemper *et al.* 2020）。このことから、タヌキの聴力も大雑把にイヌと同等と見なしてみると、可聴域はおよそ四〇〜六万五〇〇〇ヘルツ、ネコには劣るものの、ヒトよりも高い音域での聴力が優れ、可聴方向もヒトの倍くらいの聞き分けができるといえるかもしれない。

触覚についても、タヌキの研究はされていない。ここでまた、イヌの研究の威を借りてみよう。スペインのラス・パルマス・デ・グラン・カナリア大学獣医学校のグスタヴォ・ラミレス氏らは、イヌにおいて接触感覚の受容体であるメルケル細胞の分布を調べたところ、硬口蓋、頬粘膜、唇、頬の皮膚および鼻平面、つまり口鼻まわりに集中していることがわかった。次いで肉球や歯茎にも多い（Ramirez *et al.* 2016）。触覚器官としての「ヒゲ」も顔に集中している。

味覚は、脊椎動物において苦味、甘味、旨味、塩味、酸味の五つが知られている。イヌは、グルタミン酸ナトリウム（アミノ酸）、グアニル酸とイノシン酸（核酸）の旨味成分、果糖とショ糖とブドウ糖の甘味成分、およびフラネオールなどの果実由来の成分を知覚するといわれ、タヌキもこれに準じるのではと思われる。また、中国海洋大学海洋生命学院のシュアイ・シャン氏らが、タヌキにおける苦味受容体遺伝子（一一種類のTas2r）を同定し、これらの遺伝子はオオカミとキツネ属 *Vulpes* の四種で共通していた（Shang *et al.* 2018）。苦味の知覚は食物の毒物判定に必要だといわれ、雑食のタヌキにも重要な味覚だ。

タヌキの基礎研究がなされていないことは明らかである。が、知覚の研究が進めば、心理学や認知行動学の分野も開けるだろう。タヌキがなにをどう感じ、なにを考えているのかをぜひ知りたい。

2　生狸学

育つ

日本で最初にタヌキの生態研究で博士号（九州大学）を取られた池田啓氏による飼育下の観察を以下

に記す。生まれたときは真っ黒で一〇〇グラム程度、頭胴長が一四センチメートル、尾長が二・五センチメートルで、二五〇グラムになる生後八〜一二日ころに目が開き、一八〜二〇日で上の切歯から生え始め、三〇日ですべての乳歯が生え揃う。二〇〜二五日を過ぎると同腹子どうしで遊び始め、二五日目に初めて巣箱を出る。狩りを真似るような遊びは三五日を過ぎたころ。三〇日で離乳が始まるが、母乳は八〇日間出た。四〇〜五〇日くらいで顔のマスクなど毛皮のパターンが出るころは成獣の半分ほどの体重になる。排尿排便は親が舐めていたが、四七日目に親と同じ溜糞を使い始めた（Ikeda 1983）。トイレ情報として、山本伊津子氏によると、生後二〇日ころに巣穴から出始めた子ダヌキが溜糞を使おうとすると親が食べてしまい、三〇日以降になって溜糞に子ダヌキの糞が加わったそうである（山本 一九八四）。以上は、飼育下の記録なので野生下の平均とはいえないが、貴重な報告である。

食べる

その多岐にわたるメニューを一言でいえば、「好機主義的雑食」である。そのときそこにあるものを植物・動物に限らず食べることである。スポーツテストの節でタヌキは「ジェネラリスト」だとしたが、食性でこそジェネラリストの本領を発揮する。もちろん個体として好き嫌いはあるし、地域差で食べたり食べなかったりする。ミカンの産地ではタヌキによるミカン被害が大きいが、千葉で保護個体にあげてみたが食べなかった。食べたことがなかったか、放棄果樹の酸っぱい夏ミカンでも齧っていたのかもしれない。子ダヌキは離乳後、親について歩き回る時期に、食べられるものやその環境を学ぶと考えられる。イヌでは、胎児のとき母親が食べたものも、生後の食べものの好みに影響するという。

他のイヌ科同様、タヌキは咀嚼をあまりせず、口に入れれば飲み込んでしまう。だから糞のなかにはカキやイチョウなどの大きな種がそのまま排出され、種の大きな植物も種子分散してもらえることになる。果肉も未消化で出ているときもあって、「もうすこし消化しましょう」（もうすこしがんばりましょう）のスタンプを押したいくらい。同じものばかり食べれば消化率は落ちるだろうけど。ときには「なんじゃこれっ?」と思うものも見つかる。ロードキル個体を解剖していたら、白い長い紐状のものが胃に入っていた。寄生虫?!（ドキッ）と思ったが靴紐だった。一緒に運動靴と思われるゴム片も見つかった。まぁサナダムシ（瓜実条虫）は腸管にいるはずだ。喉越しで味わう蕎麦通じゃあるまいし、よく全部飲み込んだものだ。

ところで、タヌキの下顎の形態で、昔から気になっていたことがある。「エラ」の部分が凹んでいるのだ（図1-6：矢印）。系統的に異なるハイイロギツネおよび少し近いオオミミギツネにも見られるが、その他のイヌ科にはない。前述のフェイ・ペンローズ氏らの研究で腑に落ちた。凹と思っていたのは、二つめの角突起があることでできるもので、咀嚼筋（咬筋）の端がそこにも付着し、より自由な咀嚼ができるようになっている。つまり、上下しか動かないはずの下顎が、わずかながら角度をつけて嚙める可能性が出る。また、三重大学教養教育院の浅原正和氏と京都大学霊長類研究所の高井正成氏は、この副突起と顎二腹筋が速い咀嚼を可能にしたと述べている（Asahara and Takai 2017）。肉や果肉は大きいまま飲み込んでもある程度消化できるが、カタツムリや外骨格の昆虫などは嚙み砕き飲み込むほうがよい。これも食性のジェネラリストたる者が持つ適応の一つだろう。

前述したように、狩る能力はけっして高くないと考えられるが、狩ったばかりと思われるノウサギを咥え、尾を立てて意気揚々と歩く姿がとらえられた（図1－7）。獲ったか拾ったかわからないが、河川敷でカワウ（おそらく若鳥）を咥えていたこともある。耳が後傾していて「やった！」感がある（図1－8）。

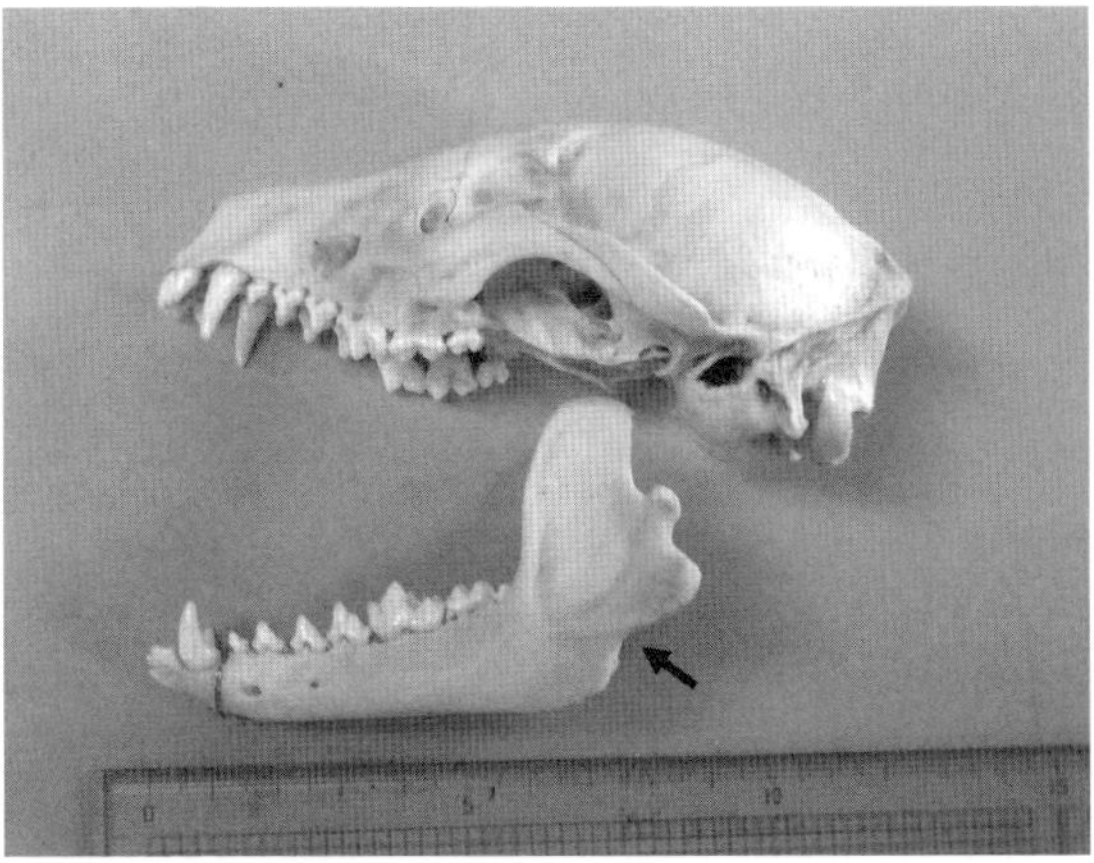

図 1–6　タヌキの頭骨（側面）。

図 1–7　ノウサギを咥えるタヌキ。2006 年 4 月。茨城県笠間市国有林にて。

図 1-8　カワウを咥えるタヌキ。2008 年 1 月。茨城県猿島郡境町利根川境大橋付近にて。

「好き嫌いはいわない」「食べられるとき食べる」「チャンスは逃がさない」で、しっかり生き延びてきた。

眠る

野生のタヌキはほぼ夜行性なので、昼間は寝ている。夕方、暗くなる少し前にねぐらから出てくるが、夜通し活動するのではなく、何度か休止をしながら、朝方にいくつかあるねぐらの一つに戻り、昼間は活動しないようである。「ほぼ夜行性」というのは、若い個体や疥癬などの傷病個体また餌付け個体は、しばしば昼間に行動しているからである。一時保護していたタヌキたちは、昼間はいつ見ても寝ており、夜はごそごそして餌皿を動かす音などがしていた。中型犬用のガムをあげると一晩でほぼなくなった。餌をあげるのも夜のほうが食いつきはよく、バッタやカエルやミミズなどの生餌は（一度冷蔵して不動化するものの）、昼間に置いておけば餌に逃げられてしまう。まぁ、夜でもタヌキが満腹になるにつれ食べ方が遅くなり、ミミズがケージの網目から出て行くのだけど。

タヌキにはもう一つの「眠り」がある。狸寝入りといわれるものだ。私は捕獲時にも見たことはないが、擬死と呼ばれるのが納得できるほど動かなくなるらしい。しかし、ほんとうの「振り」なのか、警戒性徐脈なのか、情動脱力発作（カタプレキシー）なのか、その他の神経回路反応なのか、今のところその生理学的メカニズムはわかっていない。

三つめの「眠り」は冬眠（冬ごもり）である。私が追いかけていた千葉のタヌキたちは、真冬でもねぐらから出てこない日はなかった。ただ、冷え込んだ日に、なかなか出てこないことが数回あり、私は日没前からねぐら近くに車を停め、長いときで六時間もの出待ちで鼻を啜《すす》り、震えていた。北海道に住むエゾタヌキについては、旭川医科大学の北尾直也氏らが、ウスリータヌキと同等の体温低下（一・三〜二・一度）と短時間であるが一八〜三六パーセントの心拍数の低下をともなう越冬状態、およびタンパク質代謝の抑制を示す血清尿素窒素の減少を確認している（Kitao *et al.* 2009）。

恋する

発信器をつけたタヌキのなかに、偶然ペアになった二頭がいる。メス（エコー）は一九九三年二月に捕獲してから追っていた。彼女は捕獲時の乳首の状態から、子を産んだことがあるとわかっていた。一方、若いオス（信綱、図1-9）は、一九九五年八月一九日に埴生川の南側で捕獲された。彼は九月九日に川の北側に移動し、エコーの行動圏内に入った。翌日の昼には、エコーのねぐらに一緒にいたが、夜間の行動は別々であった。そして一〇月一〇日以降、夜間も二頭で行動をともにするようになった。その間少なくとも一〇回、ねぐらをともにしたが、約一カ月かけて信綱はエコーの信頼を勝ち得たよう

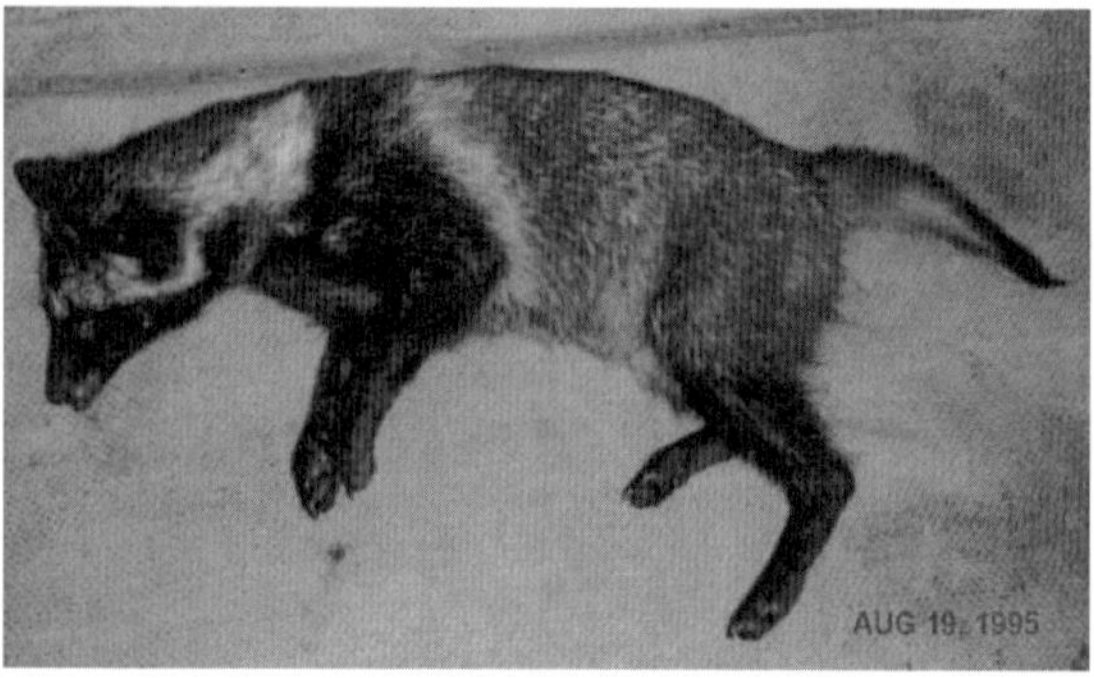

図 1-9　麻酔で眠っている信綱。捕獲時の体重 4.1 kg、頭胴長 49.2 cm、尾長 22.0 cm、後肢長 11.2 cm、耳介長 4.0 cm。翌月に再捕獲したときは体重が 4.4 kg になっていた。

だ。人間と違い、メスがオスにねぐらに来るのを許したことが、即カップル成立ではない。

タヌキの交尾期は一月下旬から遅くても四月中である。メスの初回発情は、五月に生まれたとしたら一〇～一一カ月で性成熟に至るので、時期は遅くなる。私が四月一〇日に捕獲した当歳メスのルナは、外陰部が腫れており発情中だったと考えられる。受精可能期間は三～五日程度であるという。メスは自発的に排卵しオスがいなくても発情するが、オスのテストステロンのレベルは二、三月に上昇する。女子栄養大学動物学研究室の奥崎政美氏の飼育下における観察では、一月下旬以降オスの尿マーキング、メスへのつきまとい、発情の声などの頻度が上がり始め、三月上旬の交尾日の三～四日前にそのピークを迎えた。メスはその時期になって、オスの追い払いやオスの尿への尿マーキング行動などをし始めた。尻が向き合う形での結合（tie posture）にはならなかったが、妊娠が確認された交尾時間の七回の平均は一四・三分であった（奥崎 一九七九）。池田啓氏は、野外での交尾行動を一度観察している。一頭のオスが威嚇的な姿勢でメスに近づき、それからメスの外陰部を嗅いでからマウントし自分の腰を押しつけた。メスは体を低くし後ろ足と尻を地面に着け、その数瞬後にオスが体の向きを変え、尻が向き合う形になった。交尾時間は約五分であった（Ikeda 1982）。タヌキの妊娠期間は二カ月である。つまりエコーと信綱は、発情期の半年近くも前に出会い、秋と冬を毎日一緒に暮らし、翌年の五月二日に親となったのだ。

タヌキのペアは、一年を通してほぼ毎日一緒に行動する。高密度や分散が制限される環境では、ペア外の交尾が確認されているが、私が調査した里山では一夫一妻が基本になると考えられる。ただし、日本獣医生命科学大学の杉浦奈都子氏らは、群馬県高崎市で採取された妊娠中の三個体のうち、二個体の胎児において複数の父性を確認した。その二個体は当歳メスで初めての繁殖であることから、ペアとして確立されていない時期の複数オスとの交尾である可能性がある（Sugiura *et al.* 2020）。

死ぬ

生きることとは、死と向き合っていることだと思う。とくに野生では、一日一日が生と死の選択で過ぎていくのかもしれない。一般的に、野生生物の新生児の死亡率は高い。栄養失調や寒さなどで容易に衰弱死する。幼獣では鉤虫症など寄生虫による発症も死に繋がりやすいだろう。両親が育児をするタヌキは、シングルマザーの多い哺乳類のなかで、いくらかは幼獣の死亡率は低いかもしれない。しかし、年に一度の出産で四～六頭生まれる子がすべて生き延びていたら、そこら中タヌキだらけになっているはずである。一歳を迎えさらに繁殖できるのは一部であろう。タヌキの死因でわかっているもので多いのが、輪禍である。とくに、親元を離れたばかりの九～一一月に轢かれることが多い。即死のみのロードキルだけで、狩猟や有害捕獲数をはるかに超えると推定される。ロードキルに代表される人為的死因については、第5章でくわしく述べる。

タヌキの捕食者は、大陸ではおもにオオカミで、アムールトラやアムールヒョウに捕食された例も報告されている。日本ではイヌに捕殺されることがある。私が見たイヌによる捕殺死体は、肩甲骨が飛び出るくらい噛まれていたが、食べられた形跡はなかった。犬歯の噛み跡の間隔から、中型以上のイヌだったと推察された。とくに複数のイヌに囲まれれば、タヌキには成す術《すべ》がなかろう。しかし最近は、室内犬や小型犬が増え徘徊犬も少なくなっており、昔ほどの脅威ではなくなったと考えられる。

タヌキの深刻な疾病として、ウイルス性では狂犬病、犬ジステンパー、犬パルボウイルス感染症などが知られ、体外寄生虫では疥癬症（センコウヒゼンダニ）、体内寄生虫ではフィラリア症（犬糸状虫）など多数ある。狂犬病の国内感染は、一九五六年のイヌ六頭およびヒト一人の発症が最後である。一方、飼い犬とともに持ち込まれた犬ジステンパーウイルスがニホンオオカミの絶滅の一因となったが、タヌキでもジステンパーの流行で個体群が減少した報告がある。疥癬症と他の感染症が複合的に個体数へ影響をおよぼすことも推察される。タヌキの感染症については、第3章で触れる。

寿命は、齢構成の研究の最高齢が六〜八歳であることから、野生のタヌキは六〜八歳であると考えられる。飼育下では二〇年近く生きることもありうるだろう。

3　生きざま

緩くも強《したた》かな性格

タヌキは気が強いとはいえないと思う。今まで箱罠で捕まえたときタヌキに怒られたことはない。アナグマやハクビシンや野ネコ、北米ではアメリカテンが、捕獲者である私が近づいただけで罠のなかから威嚇した。気が荒いといわれるアライグマは捕獲時にはおとなしかったものの、研究用の位置情報端末を装着して放逐するときに罠から出るよう枝でつついたら怒られた。まぁ、そりゃ怒るだろうね。その後「手招き」（罠の扉を開け、手だけ前に出して振る。危険なので真似しないでください）で出てくれた。アナグマやアメリカテンもこの「手招き」で出てくれたが、タヌキには効かない。つまり、気の強いアライグマやイタチ科は、私の手を攻撃しようとして出るのに対し、タヌキは奥にうずくまってしまうのだ。個体差はあると思うが、諦めがよいのもタヌキのような気がする。深夜の見回り時に、罠のなかで眠っていたタヌキがいた。すぐ起きたので狸寝入りではないと思うが。

タヌキが怒っているのは、わかりにくい。フゥーン、グググググと唸っているが、顔はぜんぜん怖くなくて悲しそうにさえ見える。オオカミやイヌのように鼻にシワは寄らない。極限まで興奮すると、ちょっとネコっぽい。体を逆さU字にし、毛は尻尾まで逆立ててまんまるになる。また、狸寝入りを発動させないでも、じっとして危険をやり過ごそうとすることが多い。おおらかなところもあるようだ。ある傷病センターで飼養されていたタヌキの檻の前で、タヌキの声真似（シーとクゥーの間のような）をしたら、小屋から出てきて目の前でお座りをしてくれたが、すぐに船をこぎ始めた。真昼で眠たかったんだね。

一方、逃げる機会は逃さない。私のタヌキ捕獲の師匠（市原貞氏）のお宅には六畳大の飼育檻があり、そこで傷病タヌキを二頭飼養していたときのことである。自然に戻すリハビリを兼ねて庭に面した扉を解放したところ、一カ月以上出ない。扉の下に肉を置いても出ない。しかし、庭に出るようになって数日後、六〇センチメートル近くもある庭の池のコイを獲り、肝だけきれいに食べたその夜に、庭の周囲に張り巡らしたトタンに隙間をつくって逃げてしまった（巻末エッセイ『ド根性狸追跡記』参照）。

基本的に慎重で憶病だが、ときに驚くほど大胆になる。野生で生きていくには、危険を回避しながら食べものやパートナーを確保する行動が必須であり、ときには相反する動機の狭間で瞬時に決断を迫られることもあるだろう。怖いけれど、やるなら今しかない、と。武道でいう「大胆にして細心なれ」の如く。

里山に暮らす適応

環境の変化や新天地の環境に対し、それに適応する生理や形態が世代を通して選ばれ残り強調されていく進化過程と、生理や形態はほぼそのままで行動が適応するものがあるが、時間軸のスケールが異なるだけで、同時に起こっていると思われる。適応しなければ子孫を残しにくい。もちろん環境の変化がなければ、そのままで適応しているといえるが、人類による生息地の改変・消失や外来生物の定着および地球規模の気候変動のさなか、なかなか無為無策でのほほんとは生きにくいのではなかろうか。

行動で変化が起こりやすいのは、やはり食べることに関してである。タヌキは慎重で大胆だと述べたが、その大胆さが際立つのが「餌付け」だ。美味しい食べものが必ずもらえるなら、真昼でも出かけていくようになるし、継続すればもう近くに住んでしまう。それで個体数が増えてもタヌキは高密度で生きていける。しかし、結末は見えている。生態系と切り離された過剰な食べものは、野生生物の生理と社会構造を蝕み、病気の蔓延、農作物被害、行政による捕殺などに繋がる。

私がストーキングしていた千葉のタヌキや盗撮していた茨城のタヌキは、人間がつくった景観に適応した生活を送っていた。そう、依存でなく適応である。

千葉の調査地を選んだ理由の一つは、拠点とした集落の戸数が江戸時代からほぼ増減がないことだった。開発と過疎から免れた里山のタヌキを知りたかったからだ。彼らは、丘陵地の二次林と平地の農地が混在する里山で何世代も生きてきた。そのなかで、ライフスタイルが少し違う二タイプがいた（図1－10）。里山の「山」のほうを中心に生活するタヌキたちは、人家に近づくことも、農作物を荒らすこともなく、実際に見るのも捕獲時のみで、死体とならない限り再会はなかった。繁殖巣穴には、尾根近くのアナグマが掘ったと思われる穴や昔の手掘り用水路があった。一方、「里」メインのタヌキたちは、外灯や車のヘッドライトで見ることや、農道でばったり出会うこともままあり、その住人は知らないが、庭にも出入りしていた。巣穴は廃屋の庭にある納屋の床下を使っていた。山タヌキのほうが里タヌキより一晩に動き回る範囲は大きく（平均一五・四 vs. 四・九ヘクタール）、移動速度も速かった。くねくねと歩くことを示す移動のフラクタル次元は、行動圏内の農地面積が増えるにしたがい低くなった。つまり山タヌキが複雑な移動をするのに対し、里タヌキは比較的直線的であった。採食行動および景観構造の違いがそこに表れたのだろう。二タイプの共通点は、河川敷の植生をよく利用することとアズマネザサの藪や用水路の会所をねぐらとすることだった（図1－11）。そして両タイプが、二次林と農地がモ

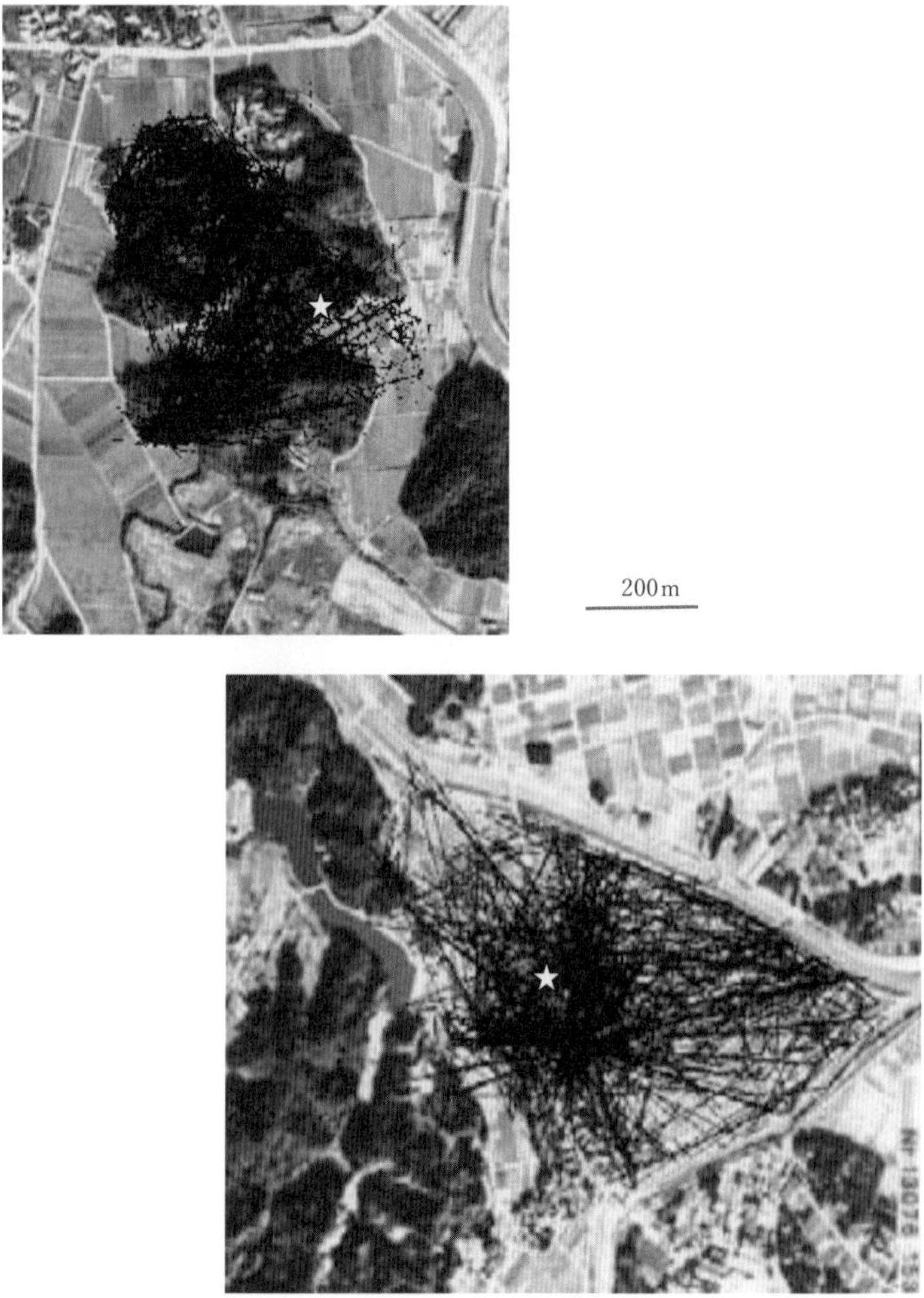

図 1-10　連続追跡のポイントを繋げたもの。上の「山タヌキ」（ト伝）は 1993 年 10 月-1995 年 5 月に丘陵地の二次林からほとんど出ることはなく、下の「里タヌキ」（エコー）は 1994 年 2 月-1996 年 6 月に水田と集落がある平地を使っていた。☆はそれぞれの巣穴で、2 つは 1.23 km 離れている。

図 1–11　会所のねぐら。

ザイク状に配置するのに合わせ、その周辺を重複させながら、安定した行動圏を維持していることがうかがわれた。

この行動圏とは、日常的に使う範囲のことであるが、里山のタヌキを長く追っていると三パターンあることがわかった。成獣ペアの行動圏は数年にわたり（どちらかがいなくなるまで）、位置は安定しており、サイズも夏の育児期に少し狭くなったり脂肪を蓄える秋に広くなったりすることはあっても、大きく変化することはない（図1－12A）。これを安定型と呼ぼう。亜成獣は、親の行動圏から離れることがある。それを分散行動というが、タヌキは秋から冬にかけて分散することが多い。その時期から落ち着くまで広範囲を移動する（図1－12B）。これを収束型と呼ぼう。また、配偶者を失ったかいない成獣オスは大きく移動することがあり、行動圏は広くなる（図1－12C）。これは放浪型と呼ぼう。メスについては、配偶者がいなくなってもとどまるかもしれない。おそらく前述した経産メスのエコーの場合がそうなのだと思う。

この地域でも一九九〇年代には、タヌキによる農作物被害がわずかながら発生していた。里タヌキのエコーが、あるト

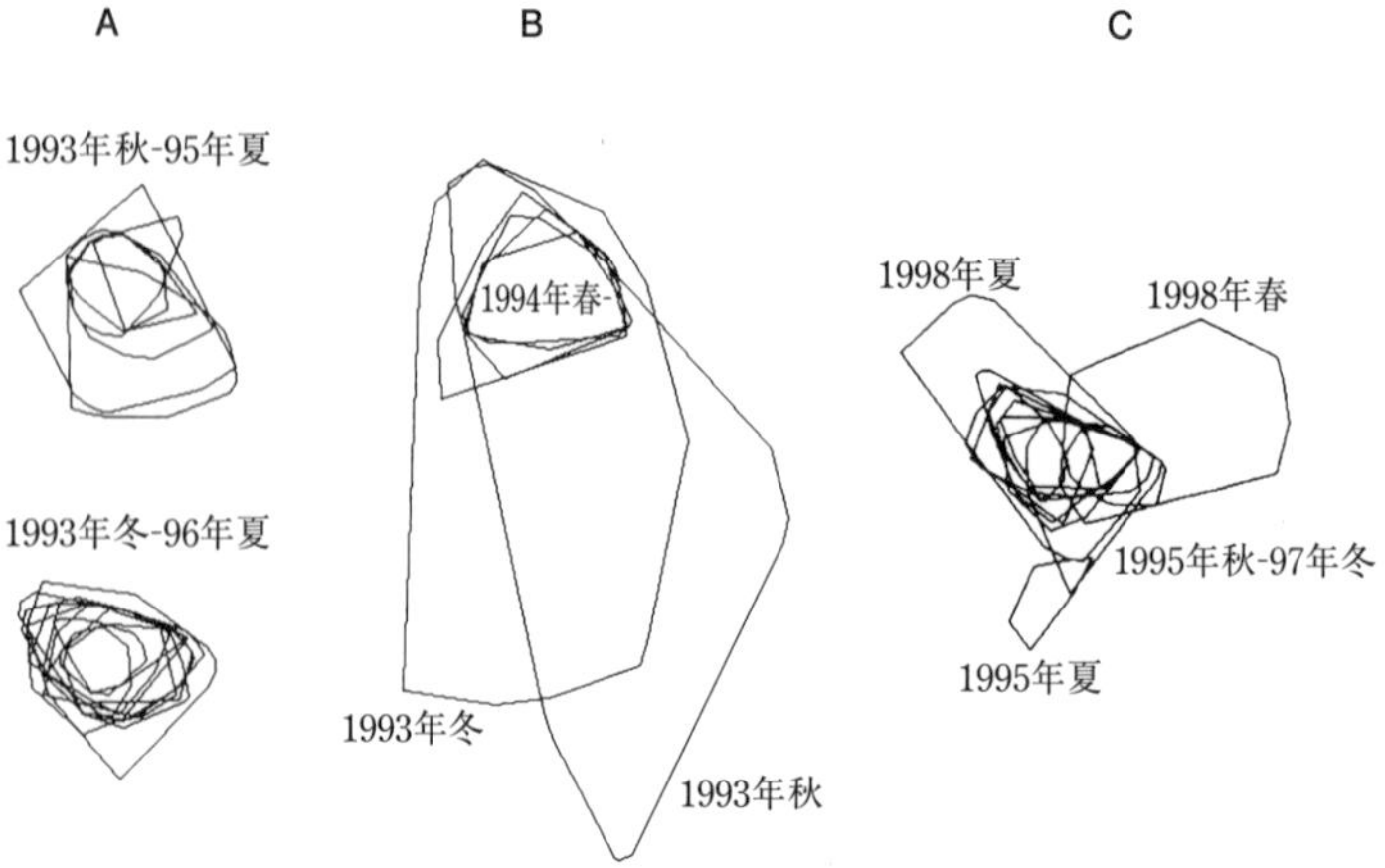

図 1–12　季節別行動圏（95% MCP）の安定性。A：安定型（上はト伝、下はエコー）。行動圏の位置は固定している。B：収束型（ダフネ）。亜成獣の秋から冬にかけて大きな行動圏を持ち、その後落ち着く。C：放浪型。安定した行動圏から逸脱して移動する（信綱）。

ウモロコシ畑に隣接する藪に一週間ほど滞在し続け、トウモロコシの芯が畑と藪に落ちていた。それを知らせに行ったとき、その畑の持ち主は、私にもトウモロコシを分けてくださり、「まぁ、タヌキも食っていかなきゃね」と寛大だったのを覚えている。カラス対策なのか、ネットは張ってあった。また、町内のブドウのビニルハウスでは、内側の支柱とビニルにタヌキとわかる泥足跡がつき（左右の足を突っ張って登ったらしい）、一房ほどやられていたが、暖房設備のほうにも魅力があったようで、その上に休んだ形跡があった。今思えば、こうした被害は統計に表れないし、その時点でちゃんと防除できる術《すべ》をもっと伝えられればよかった。楽して得られる食べものが、とくに育児期にあれば依存し、農作物の味、そして時期と場所を学んだ里タヌキは、世代にわたりますます依存性を高めうる。ただし、ここの里タヌキたちは、田畑では農作物よりそこに生息する生物をおもに食していたと考えられる。一方、山タヌキの卜伝たちは、田畑における滞在時間が短く通過するだけか、そもそも行動圏内に田畑が少なかった。河川敷に行くまでの通路だったのかもしれない。彼らにとって丘陵地と河川敷があれば、食べるにはこと足りるのであろう。この調査地でのロードキル個体七頭分の胃内容物分析では、昆虫（直翅目と鞘翅目）およびミミズが多く、その他の動物食ではネズミ・ヘビ・カエル、コイなどの魚類およびカタツムリで、植物の種はブドウが一例、カキが二例、クワが二例出たのみであった。このカキとクワは食害とはいえないだろう。

大陸から日本にやってきた彼らの祖先が、長い時をかけてその形態や生理や行動を少しずつ変えながら、日本の温暖な海洋性気候と風土に合わせてきた。さらに、タヌキは小さな離れ小島や大都会でも生きていける高い適応能力を種として持っている。しかし、私としては、日本の里山に適応した彼らの暮らしが、人間のお隣さんで生きている生活が、この先も永く続いてほしいと思う。

あるタヌキの波乱万丈

千葉県睦沢町での調査では、二三頭捕獲したうち体重二キログラム台の亜成獣を除き、二一頭に発信器をつけて追いかけた。そのなかでも長期間追うことができた信綱の狸生に触れてみよう。

彼が恋をして、姉さん女房のエコーとの間に子どもが生まれたのは前述した。彼らは、県道沿いの庭にある古い崩れかけた納屋の床下に巣穴を構えていた。エコーが一度もその巣穴から出なかった五月二日に出産したらしく、その翌日を境に彼女が巣穴を出ている間、信綱が子守りをしているようになった。それまではほぼ毎夜一緒に行動していたのだ。先に食事に出るのは必ずエコーで、けっこう長時間帰ってこない。母は妊娠・出産から授乳という重責があり、食事は大事である。信綱は、エコーが帰宅してから外に出るが、わりと近場ですませ、すぐに戻る。五月二日から六月一八日までの巣穴の滞在時間を解析したところ、信綱が有意に長く滞在していた。ある昼間に、受信器とアンテナを持って、そうっと巣穴のある庭に入ってみたことがある。エコーは庭の茂みで寝ていたが、信綱は巣穴で子どもたちといるようだった。ヨーロッパのタヌキ研究の第一人者、フィンランド自然資源研究所のカリーナ・カウハラ氏らは、五組のウスリータヌキ夫婦を追いかけた結果、出産後はやはりオスが巣穴に長くいて、メスが採食に出ている間に子守りをしているという結果を得ている（Kauhala *et al.* 1998a）。五月一五日午前三時過ぎ、外灯の薄明りの下、巣穴に戻ってくる信綱を見かけた。去年より逞しく自信もうかがえるような歩きぶりであった。タヌキ親父は頼もしい。

この家族に悲劇が襲ったのは六月一八日の一九時過ぎだった。エコーが車に撥《は》ねられて死んだ（図1－13）。いつもは県道下を通る排水溝を使っていたのに、その夜に限って路上を横断して一時帰宅しようとしたようだった。彼女がなぜ道路上を行ったのかは、そばに転がっていたモグラの死体が告げていた。たぶんエコーは、離乳を始めた子どもたちにお土産を渡したかったのだと思う。タヌキのメスが巣穴に獲物を持ち帰ることは報告されたことは

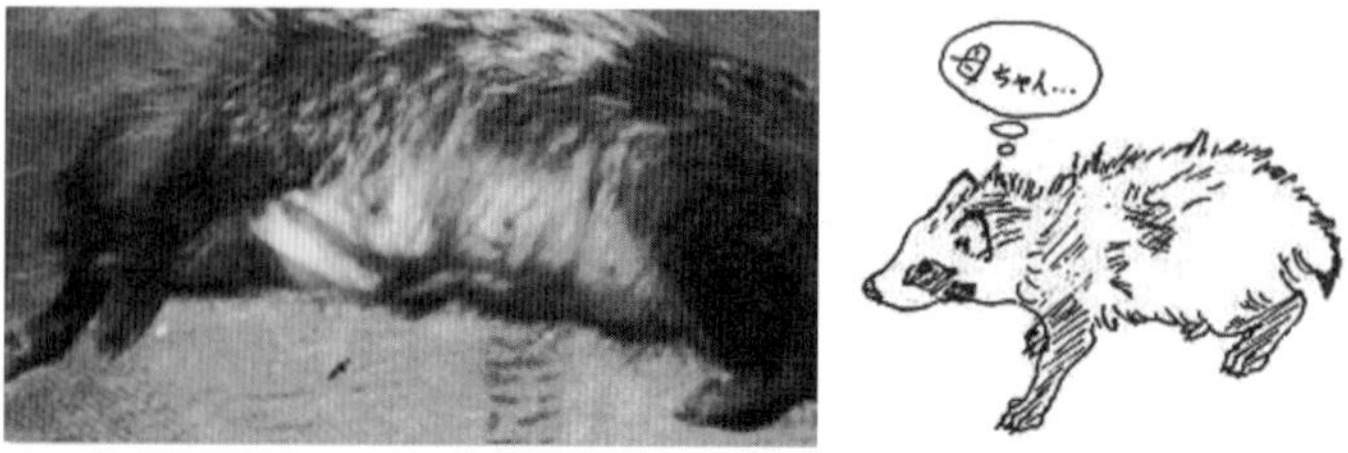

図 1–13　エコーの死。1996 年 6 月 18 日。まだ温かい乳が出た。

ない。あくまでその場にいた私の直観である。

母親を亡くした子どもを放棄する父親は、哺乳類ではめずらしくない。離乳を余儀なくされた子らを、信綱はどうするのだろう。子ダヌキに発信器はついていない。

信綱を追いかけていた八月の早朝のことである。舗装された農道の上についたばかりの大小の足跡を見つけた。信綱一家に違いない。彼は少なくとも二頭の子どもを連れていた。そのころの彼が図1－14である。同じ季節の捕獲時に装着した発信器の首輪が緩くなり、少し育児疲れに見えるのは気のせいか。また、ある真夜中、河川敷を行く信綱を追いかけていた私は川沿いの農道にいた。どうやら子ダヌキが少し遅れていたらしく、結果的に父と子（ら）の間に入ることになってしまった。子を呼ぶ信綱の声が農道下から何度も聞こえた。私はじっとしている他はなかった。幸い、しばらくすると藪を伝って子は父と合流できたようだった。私はその後すぐに二カ月間米国と英国に行くことになり、これは後で聞いたことである。九月二二日、台風一七号が記録的な大雨をもたらし、一宮川を氾濫させ、父子の巣穴を飲み込んだ。そのとき川沿いだが

図 1–14　1996年8月の信綱。

少し高台にある牛舎に、発信器をつけたタヌキが子連れで避難していたという。信綱は子ダヌキの安全を確保していたのだ。タヌキ親父は素晴らしい。

一夫一妻であり行動も年中ともにすることによる父性の高い確実性が、その育児行動に繋がるといったら、信綱に失礼だろうか。一般的にタヌキのオスについて、遠い血縁または異種の養子を受け入れるか、育児期間のオキシトシンのレベルは高いか、いろいろ調べてみたいことはある。

その後、住み慣れた行動圏で過ごした信綱は、二度目の早春に突然移動し始める。三月一二日一八時一八分、家庭を持っていた例の巣穴から出てきた。そして一九時前、一宮川にかかる県道八五号の橋を渡り、そのまま川沿いに進んだ。左岸に彼がくるのを初めて確認したが、その雷雨の夜に、多くの車が疾走していく国道一二八号線のすぐ際まできてしまった。一三日から一四日にかけても川沿いの藪と国道近辺を行き来していた。そして二〇時前、一本の電話があった。長南町の広報誌で私の記事を読んでいた人からで、発信器をつけたタヌキが撥《は》ねられるのを目撃し、発信器のアンテナを持って捕まえようとしたが逃げていったという。そして再び撥ねられたそうだ。私はすぐに現場に向かった。二〇時二〇分、受信器からアンテナを外しても受信できるところまで近づき、再びアンテナをつけて方向を精密に出してから藪に踏み込み、ヘッドランプで足元を照らして進んだ。うずくまった灰色の背中が足元の明かりに入った。とっさに抱えようと手を伸ばしたその刹那、彼は走り去った。目撃者の話では、信綱は口から血を流していたという。翌早朝には、国道の、昨夜とは反対側の深い笹藪のなかにいた。私では分速二メートルでしか進めないほど密集している藪を、かき分けてはまた外に出て、アンテナを回して位置を確認するのを二、三回繰り返して、これでは彼にストレスを与えるだけだと途方に暮れる。挟み撃ちしかないかと、七時になるのを待ってから長生村在住の大学生（当時東京外語大学モンゴル語学科）の大橋君に電話をした。幸い、すぐに出てくれるとのことで近くの駅で彼を拾った。しかし、二人がかりでも信綱のほうが機敏に動く。私は野生タヌキの心気力を過小評価していた。二度車に撥ねられた者が動けることだけでも信じがたいが。とりあえず静観することに決め、信綱のいる藪に餌をばら撒いて罠も仕掛けた。せめてなにか口にしてほしい。一六日一八時前、もう一頭追跡している周作に張りつく。二〇時過ぎに動き出して一安心。生きもの相手の仕事には、つねに死の不安がつきまとう。そうして、二三時二九分のこと、一宮川のほうへ移動した周作を追っていて、ふと周波数を信綱に合わせてみた。入った!!　川のすぐ向こう側だ。帰ってきた。信綱が帰ってきた。このときなぜ受信器を、九分九厘諦めていた信綱に合わせたかは自分でもわからない。信綱は、朝にはもとの巣穴に戻っていた。

信綱はエコーを失い子ダヌキが分散していったあと、パートナーを見つけられずにいて、成獣でありながら放浪の旅に出たのではなかろうか。発信器の電池は装着から約三年間もち、国道とは反対方向の少し北西で落ち着いたところまでは確認した。その後の彼の行方は知る由もない。

第2章　どこから来て、どこへ行く?――タヌキの進化学

タヌキの本を手に取ってみるような人は、少なからず動物が好きなんだろうと思う。私も、年少のころからとくにイヌとネコが本能的に大好きだ。四肢で走り尾を振り毛の覆う体が、私にとって愛しいと思う基準だ。ヒトの赤ん坊や幼児はかわいいが、子犬・子猫はもっとかわいいと思ってしまう。誤解を招かないよう断っておくと、空手を指導している園児に「幼稚園の先生より優しい」といわれるほど私は子どもが好きだ。友人でもある母親は「子どもと動物にだけ優しいんだよ」と突っ込みたかったらしいが……。小学生時代の尊敬する対象は、歴史上の人物などではなく「狼王ロボ」だった。一般的にもイヌとネコは人たらしだと思う。タヌキはイヌ科だが、ネコっぽいところも多分にある。タヌキは化かすといわれながら、じつは人たらしなのかもしれない。

1　謎めくタヌキの誕生

表2–1 タヌキとあなたの分類階級。下位の分類は上位に属し、学名は属と種で表す（二名法）。太字は分類学上重要な階級。

分類の階級		ホンドタヌキ		ヒト	
界	Kingdom	動物界	Animalia	動物界	Animalia
門	**Phylum**	脊索動物門	Chordata	脊索動物門	Chordata
綱	**Class**	哺乳綱	Mammalia	哺乳綱	Mammalia
目	**Oder**	食肉目	Carnivora	霊長目	Primate
亜目	Suboder	イヌ亜目	Caniformia	直鼻亜目	Haplorhini
下目	Infraoder	イヌ下目	Cynoidea	真猿型下目	Simiiformes
小目	Parvorder	—	—	狭鼻小目	Catarrhini
上科	Superfamily	—	—	ヒト上科	Hominoidea
科	**Family**	イヌ科	Canidae	ヒト科	Hominidae
亜科	Subfamily	イヌ亜科	Caninae	ヒト亜科	Homininae
族	Tribe	イヌ族	Canini	ヒト族	Hominini
亜族	Subtribe	—	—	ヒト亜族	Hominina
属	***Genus***	タヌキ属	*Nyctereutes*	ヒト属	*Homo*
種	***species***	タヌキ	*procyonoides*	ヒト	*sapiens*
亜種	*subspecies*	ホンドタヌキ	*viverrinus*	—	—

世間には「イヌ派」「ネコ派」があるとされるが、食肉目Carnivoraにも「イヌ派」と「ネコ派」がある。タヌキが分類（表2－1）されるイヌ科Canidaeに至る歴史を遡ってみると、食肉目のご先祖が「イヌっぽい」イヌ亜目Caniformiaと「ネコっぽい」ネコ亜目Feliformiaに分岐したことがわかっている。なにをもって「イヌっぽい」「ネコっぽい」とするのかだが、すごく大雑把にいうと、雑食で長距離ランナーがイヌっぽく、肉食で短距離ランナーがネコっぽい。つまり、小さくてあまり動かない動植物を頻繁に食べる雑食vs.大きくて速く動く獲物を偶《たま》に食べる肉食の対比だ。歯や消化器官、骨格や筋肉もその方向に適応している。この大きな分かれめは、米国ロサンジェルス自然史博物館のシャオミン・ワン氏らによると、分子系統学（遺伝子やタンパク質の分子配列をもとに進化の繋がりを推定する科学）の結果と各々の化石の出始める少し前の時期とが一致

する、およそ五〇〇〇万年前（Wang *et al.* 2004）、ドイツのカール・フォン・オシエツキー大学オルデンブルク分類学・進化生物学部のカトリン・ニャカツラ氏とオラフ・ビニンダエモンズ氏の超系統樹（さまざまな系統情報を組み合わせて作成する統合的な系統樹：supertree）研究によると、およそ六五〇〇万年前の出来事とされる（Nyakatura and Bininda-Emonds 2012）。この分岐が、少なくとも二八六の現生種につながる食肉目の繁栄の起点である。なかでも大昔に分かれた子孫であるイヌ *Canis familiaris* とネコ *Felis catus* が、ヒト *Homo sapiens* に寄り添うことで、世界中で隆盛を極めている。

分岐後、イヌ亜目はどうなっていったのか。シャオミン・ワン氏とアメリカ自然史博物館のリチャード・テッドフォード氏によると、イヌ亜目はさらに、およそ四五〇〇万年前に現れ、全大陸を制覇したのち、約八〇〇〇万年前に絶滅した「クマ・イヌっぽい」アンフィキオン科 Amphicyonidae と、「クマっぽい」クマ下目 Arctoidea および「なおイヌっぽい」イヌ下目 Cynoidea に分かれていく。cyn(o) や cyon はギリシャ語で「犬」。イヌ関連の学名によく使われる。この「イヌ」と「クマ」の違いは、足のつま先立ち度合いと中耳の形態で判別できるそうだ。イヌ下目はイヌ科として繋がって、先にヘスペロキオン亜科 Hesperocyoninae、少しあとの三五〇〇万〜三二〇〇万年前ころにボロファグス亜科 Borophaginae とイヌ亜科 Caninae に分かれる。ヘスペロキオン亜科とボロファグス亜科は熾烈な競合の末、ボロファグス亜科が台頭し、ハイエナのような強い頭とイヌの体を持つボロファグス属 *Borophagus*（図2－1）が、およそ一二〇〇万年前に西海岸で誕生してからイリノイ氷期にあたる一八〇万年前ころに絶滅するまでに北米全土に広がった。一方、イヌ亜科は比較的小柄でジェネラリストのレプトキオン属 *Leptocyon* が一四〇〇万年以上も強《したた》かに生き残った。イヌ科が北米で誕生したことは定説にな

図 2–1　ボロファグス属 *Borophagus* の妄想図（復元図は Wang and Tedford 2008 参照）と頭骨の化石（模写）。

っており、数多くの化石もそれを裏づけている。長い間北米大陸にとどまっていたイヌ科も、後期中新世（およそ一一六〇万年前）までには、長距離移動に適した骨格を有した古代イヌ科メンバーによって、ベーリング海峡を伝ってユーラシア、そしてアフリカへの進出が短期間で起こったという（Wang and Tedford 2008）。

　では、タヌキ属はいつ生まれたのだろうか。シャオミン・ワン氏らのDNA塩基配列の分化と化石の発現時期をもとにした系統樹によると、イヌ亜科の基幹からハイイロギツネ属 *Urocyon* はおよそ一三〇〇万年前に、続いてタヌキ属 *Nyctereutes* とオオミミギツネ属 *Otocyon* がおよそ一〇〇〇万年前に、それから残りが「キツネ組」「オオカミ組」「南米オオカミ組」「南米キツネ組」に分かれていく（Wang *et al.* 2004）。このハイイロギツネ（北米）、タヌキ（ユーラシア）、オオミミギツネ（アフリカ）の現生三属の分化は、イヌ科史上もっとも論争的なテーマの一つだ（図2－2）。とくにタヌキは、南米のカニクイイヌ属 *Cerdocyon* とも類似点が多く、謎めいている。カトリン・ニャカツラ氏とオラフ・ビニンダエモンズ氏は、これら三属が「オオカミ組」と「キツネ組」の分岐から外れていると指摘し、これら長年議論を呼んできた三属の分岐点は

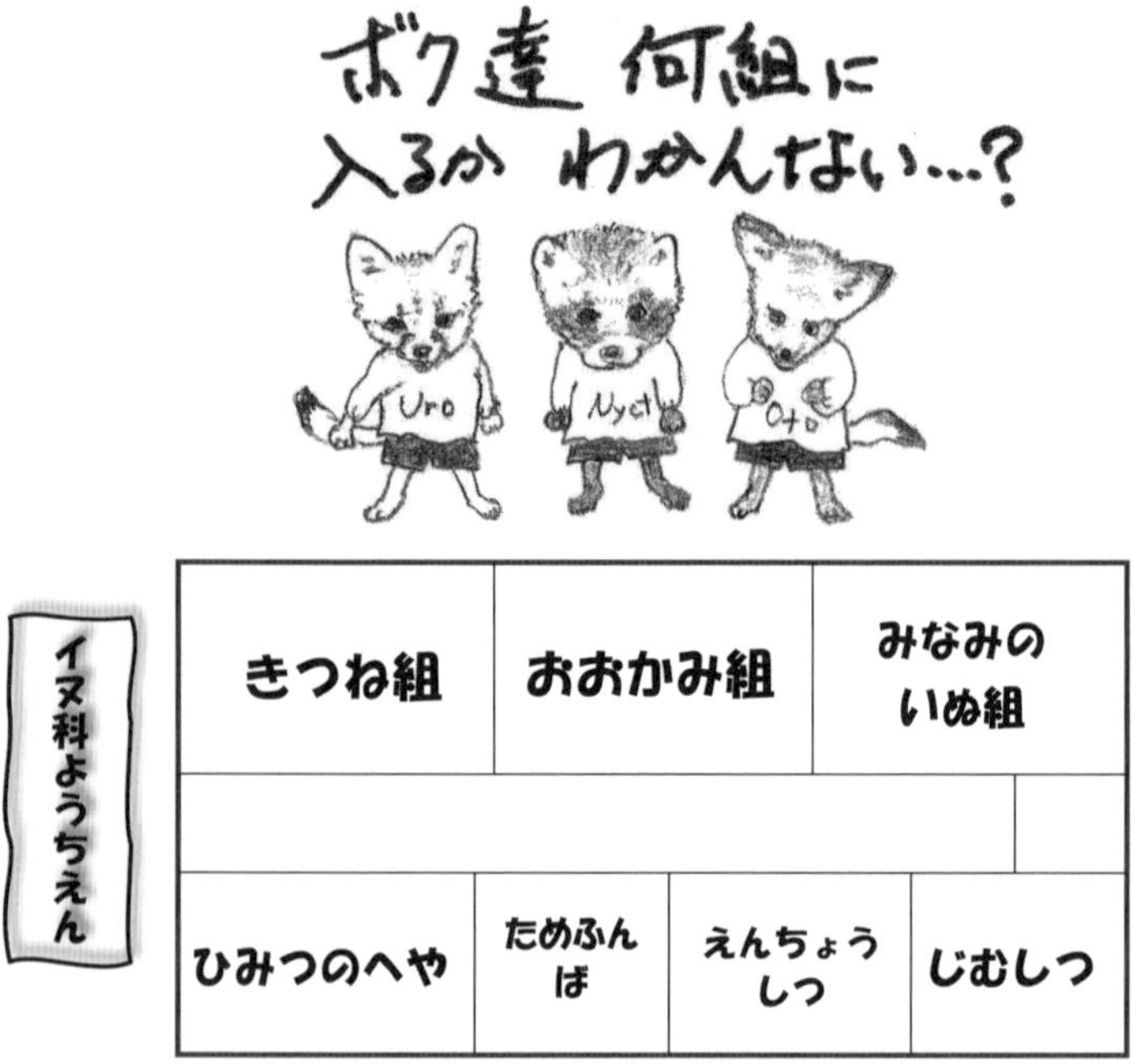

図 2–2　迷子の３属。

「オオカミ組」と「キツネ組」に分かれる前に起こり、タヌキとオオミミギツネは「キツネ組」の姉妹グループで、ハイイロギツネはそれより少し前に分かれ、これら三属の分化がおよそ一六○○万年前のわずかな期間（五○○万年以下）で起こったため、研究者の間で一致しなかったのだろうと述べている。そして、タヌキはおよそ一五九○万年前に分岐したとしている（Nyakatura and Bininda-Emonds 2012）。一方、チェコの南ボヘミア大学動物学部のジャン・ザルザビ氏らが、形態・発達・生態・行動・染色体・ミトコンドリアと核遺伝子マーカーを総合的に分析した系統樹によると、およそ一○○○万年前にハイイロギツネが基幹から分かれ、およそ九○○○万年前に「キツネ組」「オオカミ組」「南米オオカミ組」の分岐があり、およそ八五〇万年前にタヌキとオオミミギツネが「キツネ組」のなかで分かれたことになる（Zrzavý *et al.* 2018）。

以上のように研究によって大きな幅はあるが、タヌキの誕生は、北米を出てまもなくの後期中新世といえるだろう。イヌ科のなかで古顔である。米国UCLA生態学・進化生物学部のロバート・ウェイン氏らによると、タヌキの核型（細胞分裂時の染色体の数と形状のタイプ：karyotype）が保守的なネコ科と接合可能な対立遺伝子の配列を持つなど、原始的であるとしている（Wayne *et al.* 1987）。そのころヒト族 Hominini では、チンパンジー属 *Pan* がヒトの共祖先と分岐し始めている。ヒト属 *Homo* が生まれるのはまだまだ先だ。

2　でかい顔した古代のタヌキ

タヌキ属の定義の一つに、現生種の形質のなかで化石に遡って確認できるものがある。化石だから、あの目のまわりのマスクもあの独特な体臭もわからない。化石から古代DNAが採取されない限り、骨の形態がおもな手がかりとなる。なかでも化石が発見しやすく食性に直結する頭骨・下顎骨・歯が決め手になる（図2－3）。下顎骨の凹部（第1章「食べる」に出てきたタヌキの副突起による特異点、図1－6）と長めの角突起（下顎骨の後部下側に突き出ている部分）および前臼歯・臼歯の大きさ・形態などに特徴があるという。また、まれに頭蓋内鋳型として脳の形がわかることもある。古生物学者たちは、化石のこれらの特徴をふまえ、くわしく測定・評価して、化石タヌキの種を比較し同定している。

図 2–3　*Nyctereutes donnezani* の化石（複合模写）。

北米のタヌキの祖先を含む古代のイヌ科たちは、ベーリング海峡経由でユーラシアからアフリカ、すこし遅れてパナマ経由で南米まで広がり、その地の生態系に適応しながら生態系に変化を加えていった。これまで述べたようにタヌキが生まれた時期は、研究者の間で大きな幅があった。そして生まれた場所も解明されたとはいえない。シャオミン・ワン氏とリチャード・テッドフォード氏によると、中国の楡社《ユシェ》盆地での *Nyctereutes tingi* の生息時期と同じころ（およそ五五〇万〜三〇〇万年前）、フランス南部のペルピニャンで *N. donnezani* が生息していたことが化石からわかっている。これら原始的なタヌキはコヨーテくらいの大きさといわれ（図2－4。図1－2も参照）、現生タヌキの倍はあっただろう（Wang and Tedford 2008）。アメリカ自然史博物館のローレンス・フリン氏らは、楡社《ユシェ》盆地の化石を分析し、この後期中新世から鮮新世へ移るころに気候変動や移入種などにともなって動物相の大きな急転が起こったことを示した。そして、中国陝西省にある南荘溝《ナンソンゴウ》の四七〇万年以降および楡社《ユシェ》盆地の三四〇万年以降の地層からタヌキの化石が出たことも記している（Flynn *et al.* 1991）。スウェーデン自然史博物館のラーシ・ウェルデリン氏と英国リヴァプール・ジョン・ムーア大学生物地球科学部のアラン・ターナー氏も、同じころ西ヨーロッパで食肉目に急転があり、ハイエナ科、イタチ科、ネコ科、クマ科に多く絶滅種が見られたのに対し、イヌ科の鮮新世初頭における台頭を示した。そのなかに古代タヌキ二種、*N. donnezani*（七〇〇万〜三二〇万年前）と*N. megamastoides*（三二〇万〜二〇〇万年前）がいる（Werdelin and Turner 1996）。この*N. megamastoides*はさらに大柄で、平均体重が一一キログラムともいわれている。このように、でかいタヌキが、でかい顔してユーラシアを闊歩とまではいかないが、生態系の一員として広く生息していた時期があった。おもにヨーロッパで分布した*N. donnezani*とその後継者*N. megamastoides*およびアジアの*N. tingi*とその地盤を受け継いだ*N. sinensis*で、ユーラシア全体に分布していく。

図 2–4　ホンドタヌキ（左）とコヨーテ（右）の体格差。古代タヌキはコヨーテ大といわれる。

アフリカ大陸へは、初期鮮新世（約三八〇万〜三五〇万年前）に到達した。ラーシ・ウェルデリン氏と米国ニュージャージー州立リチャード・ストックトン大学自然科学・数学学部のマーガレット・ルイス氏は、タンザニアのヒト族の足跡の化石で有名なレトリで発掘されたイヌ属またはユーキオン属 *Eucyon* かと思われていた化石が、タヌキ属により近いとし、発見者ジョン・バリー博士の名を取って *N. barryi* とした（Werdelin and Lewis 2005）。その後、フランスの国立自然史博物館のデニス・ジェラーズ氏らによると、エチオピアのディキカの約三三〇万年前の地層から *N. lockwoodi* が（Geraads *et al.* 2010）、モロッコのアールアルオウラムの約二五〇万年前の地層から *N. abdeslami* の化石が出たという（Geraads 1997, 2006）。そして米国ジョージ・ワシントン大学人類学部のバーナード・ウッド氏と米国ニューヨーク工科大学オステオパシー医学部解剖学科のデビッド・ストレート氏によると、再びアフリカ東部で *N. terblanchei* が約一八〇万年前ころから南進し（Wood and Strait 2004）、アラン・ターナー氏とバーナード・ウッド氏によると、約一五〇万年前の南アフリカのクロムドラーイの地層でも発掘されている（Turner and Wood 1993）。しかし、南アフリカのウィットウォーターースランド大学人類進化学研究所のサリー・レイノルズ氏は、この化石がジャッカルなどイヌ属の一種であるかもしれないと疑問を呈している（Reynolds 2012）。いずれにしろ、アフリカ大陸ではすべてのタヌキ属が、およそ一〇〇万年前までに絶滅したらしい。

　その他、中国科学院古脊椎動物古人類研究所のシャン・リー氏らは、内モンゴルの高特格《コテグウ》のおよそ四〇〇万年前の地層から出たタヌキの臼歯m２が大きく、その形態も他のタヌキと異なることをあげ、新種だと記載している（Li *et al.* 2003）。また、フランスのクロード・ベルナール大学のアンジェリーク・モンギロン氏らは、以前 *N. megamastoides* の亜種だと考えられていたフランスのサン・ヴァリエとスペインのラ・プエブラ・デ・バルベルデの化石を、*N. vulpinus* として別種扱いにした（Mongillon *et al.* 2004）。さらに、フィンランドのヘルシンキ大学動物学・地質学・古生物学研究所のボヤル

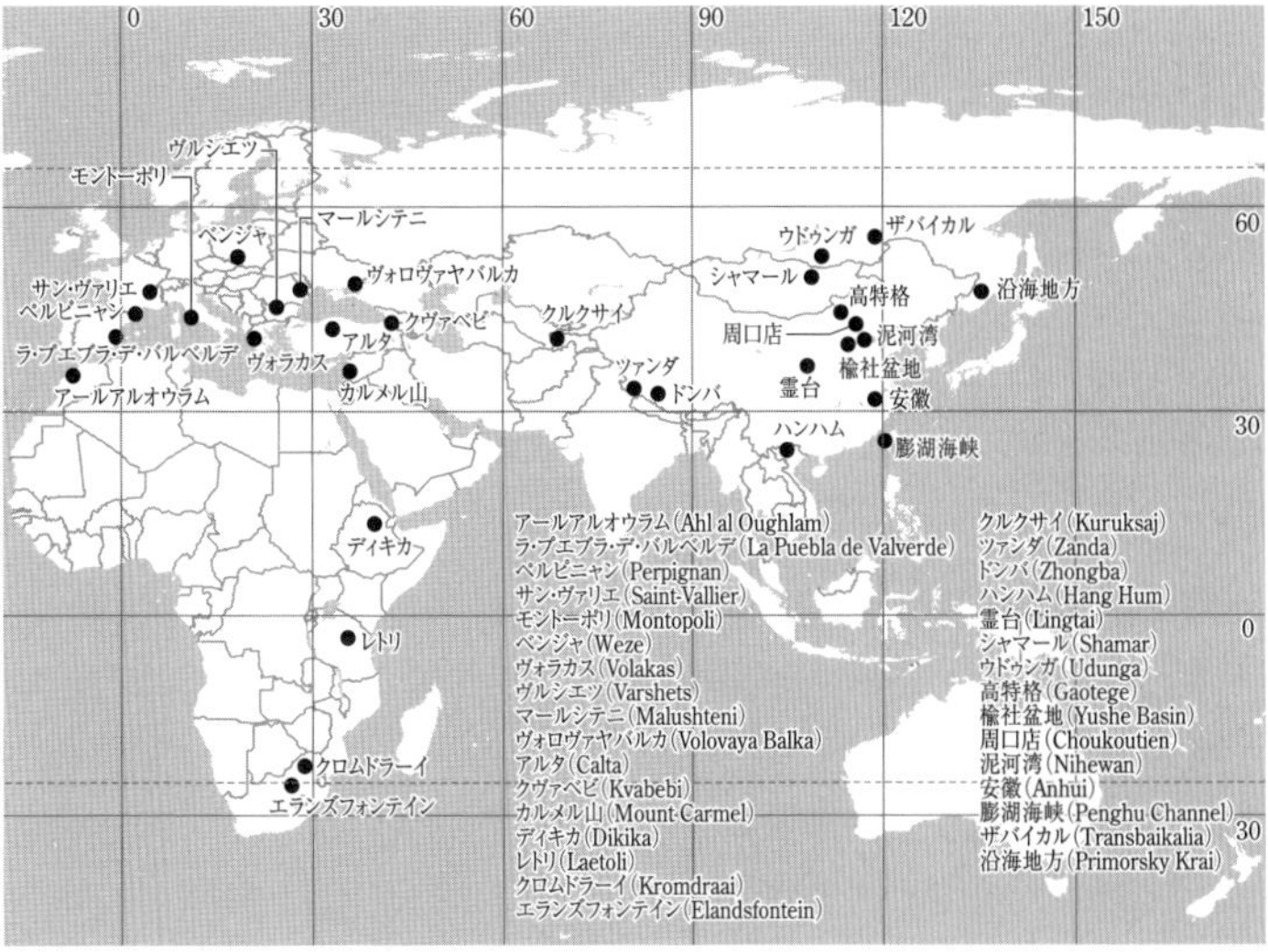

図 2–5　タヌキの主要な化石発掘場所。ただし、ヨーロッパと中国東部で発掘場所が密集しているところは一部省略している。

ン・クルテーン氏は、イスラエルのカルメル山の約七万〜五万年前の地層で発掘された化石がキツネ属とされていたが、その臼歯M1の形態が *N. megamastoides* に似ており、*N. vinetorum* とした（Kurtén 1965）。スペインの後期中新世の化石で、*N. donnezani* の参照種（cf.）および類縁種（aff.）とされていたものが、後に別属、ここではユーキオン属と同定されたりすることも、ままあることらしい。まるでタヌキの化石に化かされ続けているようだが、こうした研究の積み重ねが、未知の世界に光をあてていく。他にも英語以外で記された化石データも多々あるだろう。それらを再び「掘り起こせ」ば、もっと多くの生息地域と生息時期が加わるかもしれない。今のところ最古のタヌキ属の化石としては、中国科学院古脊椎動物古人類学研究所のハオ・ドン氏が、中国山西省にある楡社《ユシェ》盆地の六六〇万〜五三〇万年前の地層から

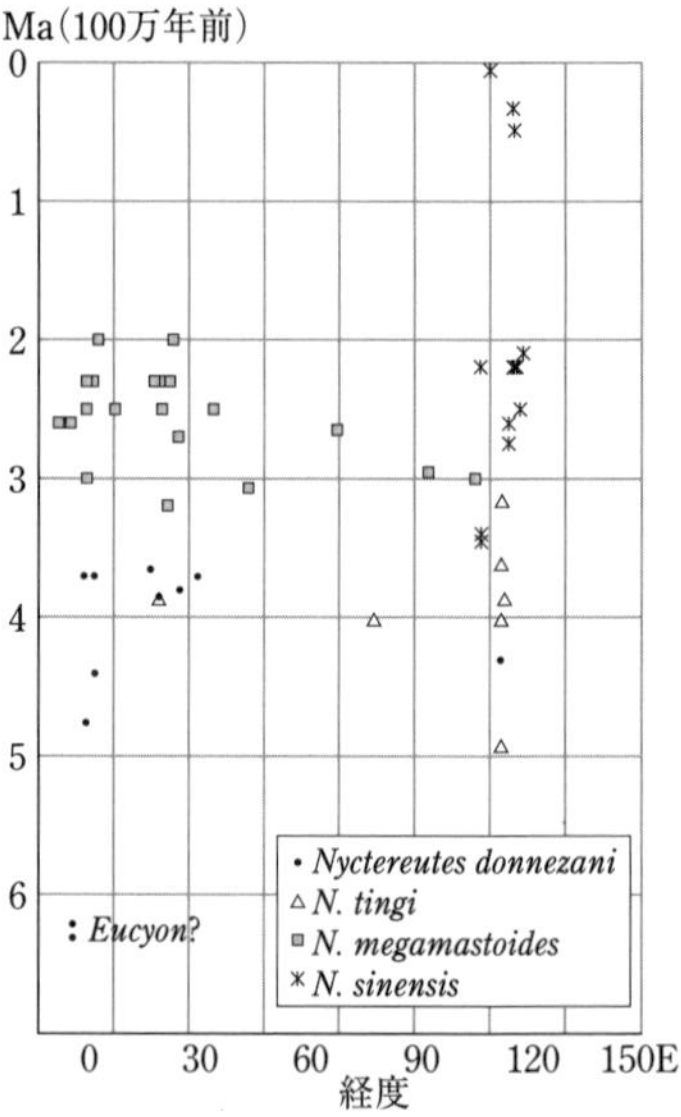

図2–6　古代タヌキ4種の時空間分布。縦軸が700万年前から現在までの時間軸、横軸が東経。時間は、論文表記が時代区分の場合、その中間を示す。

発掘されたものを、初出現面（FAD）として記載している（Deng 2006）。図2－5に主要な化石の発掘場所を示す。

図2－6は、古代タヌキ主要四種の、ユーラシア大陸の端から端までにおける数百万年の時空間分布を示している。縦軸が七〇〇万年前から現在までの時間軸で、横軸が東経となっている。緯度は省略し（そのほとんどが北緯三八～四六度内）、種判定に疑問の残るものも一応入れている。おもに*N. donnezani*が鮮新世のヨーロッパで、*N. tingi*がアジアで、*N. megamastoides*が横広がり（広域）に、*N. sinensis*がアジア中心に縦長（長期にわたり）に生息していたことが見て取れるだろう。ここでちょっと頭の体操を。図2－5の上に、図2－6を重ねるというか3Dで浮かべて（直交させ）、ユーラシアの化石ベルトに時間と種を乗せると、各タヌキが生きた時代と地域が想像できるかもしれない。

さまざまな種がかつてユーラシアからアフリカにかけて生息していたタヌキだが、ほとんどが更新世までに絶滅し、現生の*N. procyonoides*に繋がる系統のみが生き残った。なぜキツネの系統が複数残り（アカギツネ、キットギツネ、フェネックギツネ、ホッキョクギツネなど）、よりジェネラリストであろうタヌキが単型（その分類グループ、ここでは属にその仲間しかいないこと：monotypic）なのだろうか。キツネがスペシャリストに分かれ、各々の比較的狭い生態学的地位（niche）を配分しあって共存できたからなのか、なにかある時代において致命的な因子がタヌキにあったのか、私にはわからない。属や種の絶滅は、取り返しのつかない大きなイベントではあるが、進化の歴史のなかでは必然であり、ある意味、確率論的な事象でもある。

3　そして極東へ

モスクワ・タイムズの二〇一五年一月二八日付の記事に、その前日サハリンの海に漂流する解けかけた流氷上にタヌキが見つかり、ロシア非常事態省（ＭＣｈＳ）の船に救助され岸に戻されたとある。暖冬のため氷上の漁師たちに警告しようと見回っていた船が発見し、ウエットスーツの救助員は逃げるずぶ濡れのタヌキを、流氷を傾けてその腕に抱きとめたらしい（The Moscow Times 2015）。私の想像は大昔に飛ぶ。大陸から日本へと渡って来たと考えられるタヌキだが、海面低下が起きた氷期の陸橋または氷橋を歩いて来たらしい。流氷に乗って来たものもいるかもしれない。いずれにしろ、東へ、東へと分散・拡散して行き着いた先が、のちに日本列島になった。

おそらくタヌキは、記事の舞台のサハリン経由ではなく、朝鮮・対馬海峡経由で来た可能性が高い。というのも、ロシア科学アカデミー動物学研究所のジェナディ・バリシニコフ氏が、シベリア最南東部の沿海地方において、後期更新世の洞窟堆積物から *N. procyonoides* の化石が発掘されたと記載しているが（Baryshnikov 2015）、サハリン島中部の後期更新世から完新世にかけての洞窟堆積物に発見された哺乳類二六種のなかにタヌキがいない（アカギツネやホッキョクギツネ、オオカミはいる）ことが、ロシアの氷期博物館のイリナ・キリロヴァ氏とロシア科学アカデミー地質学研究所のアレクセイ・チササコフ氏の報告によってわかる（Kirillova and Tesakov 2008）。今後サハリンで新たに発掘される可能性はあるとはいえ、一九五五年に人為移入されるまで、タヌキ属が生息したという確かな記録は今のところ見つけられない。

京都大学理学部の亀井和雄氏らは、本州のタヌキの化石が中部更新世（QＭ3帯）の約七〇万～五〇万年前の層準にあたるとしている（亀井ほか 一九八八）。愛知教育大学の河村善也氏らの化石算出層の年代区分において、山口県・栃木県・広島県の化石により、タヌキは中期更新世の中期（約六五万～三〇万年前）までに日本列島に渡来したとされる（河村ほか 一九八九）。英国マンチェスター・メトロポリタン大学環境科学・地理学学部のマイク・ドブソン氏と河村善也氏も、食肉目ではオオカミ・キツネ・アナグマ・オコジョ・イタチ・ヒグマ・ツキノワグマとともに中期更新世に陸橋を伝い本州に渡って来た早期の移住者（early colonists）に分類している（Dobson and Kawamura 1998）。

北海道へは、津軽海峡を渡らなければならない。亀井和雄氏らは、北海道のエゾタヌキの化石が縄文・続縄文の遺跡から発掘されたことをふまえ、完新世（一万一七〇〇年前以降）の層準にしている（亀井ほか 一九八八）。最終氷期（一一万～一万五〇〇〇年前）に海水準が最低となったとき、氷橋から流氷を経て北海道へ達した可能性が高い。ホンドタヌキとエゾタヌキの違いについては、本章で後述する。

一度、分散と思われる行動に付き合ったことがある。タヌキは普段、ある範囲を休みながら一晩かけて移動しねぐらに戻ることが多い。しかし、一一月の亜成獣のダフネ（生後約六カ月、体重四・二キログラム）は違った。彼女は、ねぐらのある丘陵地から川に出て、一晩かけてほぼ休みなく川沿いに進んだ。私は縮尺が二五〇〇分の一の土地利用図を数枚使っていたが、手持ちの縮小コピーからはすぐはみ出した。あとで座標がわかるように橋の名前を記録しながら方探し、川沿いの道がなくなったあとは、先回りして次の橋に出て追いかけた。夜明け前、ようやく親水公園のような場所のヨシ原で止まった。距離にしたら五キロメートルほどだが、方向を変えたり河川敷を離れたりすることなく、なにかに取りつかれたかのように移動した。これが分散の衝動なのかと思った。運よくダフネは南進し、大きなコンクリート擁壁などなく、掛かる橋もその下が通行可能な連続植生に恵まれた河川敷を進むことができた。

フィンランドにおいては、カリーナ・カウハラ氏らが、ウスリータヌキの亜成獣三四頭のうち、半数は五キロメートル以下だったが、八・八パーセントにあたる三頭が四〇キロメートル以上（最長六〇・八キロメートル）を分散し（Kauhala *et al.* 1993）、成獣でもメスで最長四八キロメートルとオスで七一キロメートル移動したことを報告している（Kauhala *et al.* 2006）。この外来種の個体群の前線としては、一九六〇年代後半には年に六〇キロメートルもの速度で分布を広げたことを、フィンランドのオウル大学動物学部のエエロ・ヘレ氏とカリーナ・カウハラ氏が記している（Helle and Kauhala 1991）。

タヌキは乾燥に弱いと思われる。川や湿地がない砂漠や森林限界より高い地帯はたぶん苦手だろう。凍結期以外の大河や山脈や砂漠地帯や大ツンドラ地帯など、越えられない場所もあったかもしれない。しかし、太古タヌキのなかに時機を見て移動できたものがいて、幾世代もかけて行き着いた土地が、最終氷期後に日本列島として大陸から独立した。われわれより先にその島国の住民になったのが、身近な野生生物として存在しているタヌキなのだ。

4 進化が止まらない

見慣れたホンドタヌキを思い浮かべ、フィンランドのウスリータヌキ（図2-7）を見れば、「これ別物だわ」と思ってしまう。これで六月の毛並みだ。おそらくオスと思われるこの個体は、三頭の子を連れていたという（Marcus Wikman 私信）。冬にはもっと違いが大きい。カリーナ・カウハラ氏に「冬の写真ありますか？」と尋ねたらないという。根性と幸運を兼ね備えた動物写真家でもない限り、極寒のフィンランドでいつ出てくるかわからない冬ごもり中の野生モノはそうは撮れないに違いない。次に日本に来たタヌキが大陸仕様から島国仕様にどうなっていったのか追ってみよう。

カリーナ・カウハラ氏と私は、形態・生理・行動などについて、フィンランドのウスリータヌキ（以後「スピコイラン」supikoiran と称する。フィンランド語でタヌキ）とホンドタヌキを比較してまとめた。ホンドタヌキはスピコイランに比べ、体格と体重（とくに季節的増加率）が小さく、頭骨も小さく、下顎は細く、しかし歯列は長くて臼歯は大きく、胃内容量は小さいが腸は長く、脂肪蓄積量は小さく、体毛の断熱能力は低く、冬ごもりせず、一腹子数は少なく、成獣の行動圏は小さく、亜成獣の分散距離は短い。食性はともに雑食だが、スピコイランでは比較的哺乳類を含む脊椎動物が多いのに対し、ホンドタヌキは昆虫を中心とした無脊椎動物および堅果などの植物が多い。繁殖生理および基本的に一夫一妻制、父親の育児参加が大きいところは同じである（Kauhala and Saeki 2004a; 佐伯 二〇〇八）。総じて寒さへの適応と食性に違いが表れている。つまり、日本のタヌキでは寒さ対策は緩み、食べものが肉食系雑食よりは昆虫・果実食系雑食になった。

図 2–7　フィンランドのウスリータヌキ（スピコイラン supikoiran）。6 月初旬の夏毛。（撮影：Marcus Wikman）

現在、タヌキの亜種は、中国東部およびベトナム北部のビンエツ（岷越）*N. p. procyonoides*、朝鮮半島のコウライ（高麗）*N. p. koreensis*、中国北部、モンゴル東部およびシベリア南部のウスリー（烏蘇里）*N. p. ussuriensis*、中国内陸のウンナン（雲南）*N. p. orestes*、そして日本のホンド（本土）*N. p. viverrinus* およびエゾ（蝦夷）*N. p. albus* の六亜種が数えられる（図 2－8）。ただし、ベトナム北部の個体群について、神奈川大学理学部の黒瀬奈緒子氏らは、ミトコンドリアDNA・チトクローム *b* 遺伝子解析によって遺伝的に分化していることを示した（黒瀬ほか二〇一〇）。同じく、韓国ソウル大学校獣医科大学のサンイン・キム氏らも、別のプライマーを使ったミトコンドリアDNA・チトクローム *b* 遺伝子解析により（Kim *et al.* 2013）、ソウル大学校獣医科大学のユンジェ・ホング氏らはマイクロサテライト（ゲノム上に見られる数塩基程度が一〇回から数十回反復するDNA配列：micro-satellite）の解析によって、ベトナム個体群が中国東部のビンエツ亜種からも遺伝的に分化していることを示した（Hong *et al.* 2018）。英国ロンドン動物学会のマイケル・ホフマン氏らによると、ベトナムではレッドリストに記載されていないが、近年は数えるほどしか直接観察例がないそうである（Hoffmann *et al.* 2019：図2－8）。他に生息域外のダクラク省南クロガナ流域（Southern Krong Ana Watershed）調査報告書に、チュヤンシン国立公園においてタヌキの記録がある（MRC－GTZ共同プログラム 二〇〇六、図2－8）。これが、孤立個体群なのか誤記録なのかは不明である。

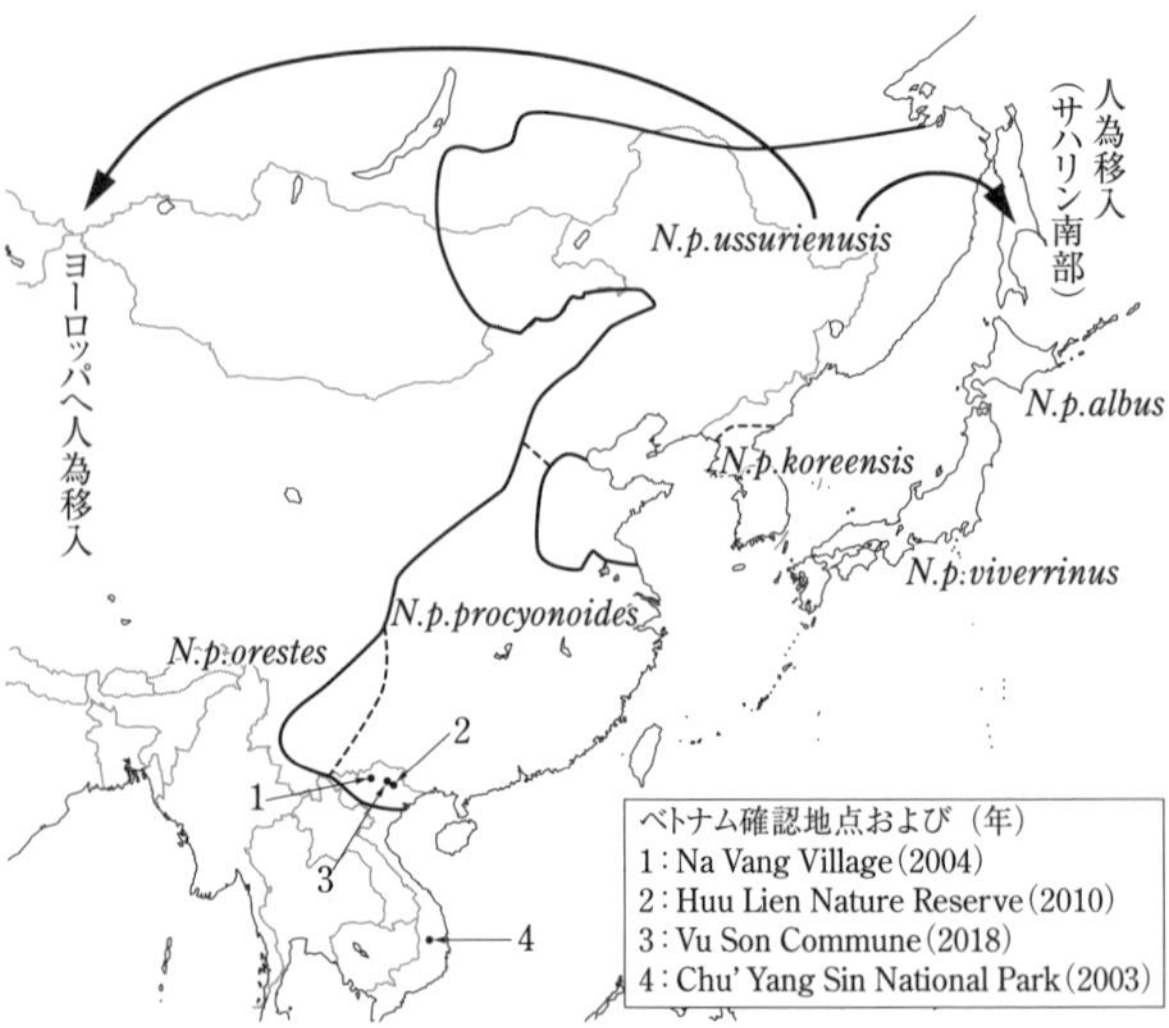

図2–8 *Nyctereutes procyonoides* の6亜種の分布。

太古のタヌキが小柄になるのは中国において始まった。中国の西北大学地質学部のシャンシー・シエ氏は、第一前臼歯から第二臼歯までの長さが、楡《ユ》社《シェ》の化石で五八ミリメートル、泥《ニ》河《ヘ》湾《ワン》遺跡群のものが五〇～五二・五ミリメートル、現生種で三七ミリメートルと記している（Xue 1981）。唐山《タンシャン》市および周口店《チュウコウディエン》の *N. sinensis* の化石が小さくなったこともわかっており、周口店《チュウコウディエン》の後期旧石器時代（五万〜一万二〇〇〇年前）にあたる上部の層からはさらに小さい*N. procyonoides* の化石も発掘されている。東北大学理学部の鹿間時夫氏は、日本でも*N. sinensis* の小型の派生種が定着後さらに小さくなったと推論している（Shikama 1949）。また、京都大学霊長類研究所の浅原正和氏らは、台湾海峡（澎湖《ポンフゥ》動物群）の*N. procyonoides* の後期更新世（二万年以上前）の下顎の化石が、歯の形態などからビンエツ亜種とコウライ亜種の中間にあたるとし、日本のタヌキの起源はコウライ亜種より古いと示唆している（Asahara *et al.* 2015）。ドイツの動物園と野生生物のためのライプニッツ研究所のクリスチャン・ピトラ氏らは、分子時計（突然変異率にもとづく時間推定法：molecular clock）におけるミトコンドリアＤＮＡの変異度から、日本亜種とウスリー亜種の大きな分岐は八七万年前（一三七万〜四八万年前）に起こったと推定した（Pitra *et al.* 2009）。また、サンイン・キム氏は、コントロール領域（タンパク質配列のコード化に無関係なゲノム：control region）を含む三種類のミトコンドリアＤＮＡ断片の変異度から、日本のタヌキと大陸のタヌキの分岐は、六七万〜五九万年前と推定した（Kim 2011）。一方、ユンジェ・ホング氏らは、Ｙ染色体上のジンクフィンガー遺伝子（ＺＦＹ）の塩基配列の解析により、四六万〜一九万年前と推定し、この違いは、性や遺伝子によって異なる進化を経ていることによると論じた（Hong *et al.* 2020）。分子時計の推定は幅が広く、ミトコンドリアＤＮＡは母系で、Ｙ染色体は父系であることはもとより、進化過程で遺伝子によって変異時期に差が出るのであろう。いずれにしろ、日本のタヌキは、中期更新世に大陸から来て地理的に隔離したという化石などによる推定と重なる。

　ホンドタヌキとエゾタヌキについては、帯広畜産大学の羽場千恵氏らが、頭骨および歯の形態が明確に異なることを示し、エゾタヌキがより肉食系雑食であると示唆した（Haba *et al.* 2008）。また、生態においても第1章で触れたように、エゾタヌキは冬ごもりができ、大陸仕様の冬季対応能力を取り戻した感がある。サンイン・キム氏らは、韓国・北朝鮮・ロシア・中国・ベトナム・本州・四国・北海道の標本におけるミトコンドリアDNA・チトクローム*b*のハプロタイプ（相同染色体上にある一対の対立遺伝子セットの片方：haplotype）の系統分析において、日本の系統群のなかの北海道標本の固有性を示し（Kim *et al.* 2013）、ユンジェ・ホング氏らもマイクロサテライトの解析で大陸と本州、さらに本州と北海道の隔たりを示した（Hong *et al.* 2018）。遺伝型（genotype）においてはエゾタヌキのほうが大陸より距離があるが、表現型（phenotype）では大陸に近いといえるだろう。

以上をまとめると、古代タヌキ間の系統は不明であるが、*N. sinensis* が東アジアで生き残り、それから分かれて *N. procyonoides* に繋がり、更新世に日本へ渡ったそのどちらかの子孫が *N. p. viverrinus*、さらに地理的隔離したものが *N. p. albus* となった。大陸の *N. procyonoides* は、完全な地理的隔離がないまま現在の形態などによる地域的亜種に分類された（図2-8）。そのなかでベトナム北部の個体群がなんらかの理由で遺伝的に隔離していき、一方、完新世になってから朝鮮半島の比較的大きな地理的隔離などで分断され、*N. p. koreensis* が遺伝的にも分化したと考えられる。今後、*N. sinensis* の古代DNAが抽出され解析できれば、とくにビンエッタヌキ *N. p. procyonoides* とホンドタヌキ *N. p. viverrinus* の分岐について新たな知見が得られるだろう。

一世紀近く前に京都帝国大学理学部の簾内収氏がホンドタヌキの精子形成過程の細胞分裂を観察し、二倍体の精原細胞では染色体数が四二、半数体の精母細胞が二一であると報告した（Minouchi 1929）。

成獣の麻酔なしでの睾丸摘出など、びっくりすることもある論文だが、タヌキとイヌは核型的にかなり違うことを明らかにした。そして、フィンランドの獣医学研究所のアウリ・マキネン氏は、フィンランドのロシア産養殖タヌキの染色体数が五六であると報告した（Mäkinen 1974）。日本のタヌキについては、国立遺伝研究所の吉田俊秀氏らが二個のB染色体を含めた染色体数が四〇の個体を報告し、その後次々と核型のバリエーションとともに一個体内での多型を示した（Yoshida *et al.* 1983; e. g. Yoshida *et al.* 1984; Yoshida and Wada 1985）。ミステリアス（不可解）なB染色体は過剰染色体とも呼ばれ、以前は機能がないと考えられていたが、最近ではゲノムへの相互作用も認められ、適応に一役買っているといわれる。B染色体は植物種に多くあることがわかっているものの、哺乳類でも一〇〇種を超えるという。そのなかでタヌキがもっとも多く研究され（www.bchrom.csic.es/）、タヌキ自体なかなかミステリアス（神秘的）な存在のようである。多くの研究がなされ、今日、基本的な二倍体（$2n$）の染色体数は、ホンドタヌキとエゾタヌキにおいて $2n=38+B's$、その他の大陸亜種において $2n=54+B's$ となっており、日本のタヌキの染色体数が大陸のタヌキと違うことがわかっている。中国科学院細胞・分子進化国家重点実験室のウエンフイ・ニィ氏らは、中国産タヌキと日本産タヌキの減数分裂中期の細胞の染色体を対比し、八回のロバートソン転座（遺伝子に過不足がないまま染色体の再配列が起こる現象：Robertsonian translocation）が起こったことを示した（Nie *et al.* 2003）。つまり、遺伝子的には同じといえる。しかし、染色体数の違う姉妹種は、交配しても繁殖成功率が低いといわれ、それ以前の配偶者選択（mate choice）においてフェロモンなどの化学物質による判別や社会行動の違いなどで自然交配がしがたいと考えられる。もっとも、地理的に隔離され、現在も大陸から離れていく日本列島のタヌキが、自力で大陸のタヌキと出会うことはないだろう。可能性があるとすれば、サハリン南部の人為移入されたウスリータヌキが、それこそ大きな流氷に乗って北海道に行き着く奇跡が起こることかもしれない。あるいは、大陸のタヌキが人為的に持ち込まれ、「別種」の蓋然性のある日本のタヌキにとって、遺伝子汚染の危険因子または最強の姉妹種《ライバル》となるかもしれない。

現生タヌキは進化し続ける。もちろん、われわれを含め生物は進化途上にあるのだが、害獣として駆除され、ときには餌付けされ、典型種だとして環境アセスメントの保護対象とならない身近な哺乳類の種分化が目の前にある。もし、日本のタヌキが別種と認められれば、表2-1も変わる。サンイン・キム氏らに準じれば、種の欄が *viverrinus* となり、ホンドタヌキの学名が *Nyctereutes viverrinus* となって、テミンク Temminck の命名に戻り、一九四九年の鹿間時夫氏の論文に出てくる化石と同名になる。エゾタヌキはホンドタヌキの亜種となり、*N. v. albus* となるのだろう(Kim *et al.* 2015)。ともあれ、タヌキが日本固有種の称号を得ても、生態学的地位は変わらない。彼らはその与えられた命を繋いでいくだけだ。

第3章　raccoon dog——タヌキの国際学

図 3-1　この先、読んで悲しくなるかもしれません。

この章は、動物好きにとってあまり楽しいものではないと思う。「この先、読んで悲しくなるかもしれません」との注意書き（図３−１）が必要かもしれない。しかし、最終章に行き着くためにも避けては通れない。ここでは科学的情報として現実に起こっていることを知ってもらえれば、さらにはなにか感じて考える材料にしていただければと願う。

1　よそ者（外来種）としてのタヌキ

エイリアンの侵略だぁ⁉

外来種にあたる英単語は複数あり、alien speciesがよく使われる。私は「あり得ん」としてつづりを覚えた。alienは「異星人」でもあるが、「外人」として使い差別感がある。introduced speciesは故意に入れられた感があり、exotic speciesは珍種感があり、non-indigenous speciesは「固有種じゃないだけ」の感じがしないでもない。neozoan speciesというのもあるがカッコつけてるような気もする（＊あくまで個人的な感想です）。non-native speciesは「在来種でない」ので中立的な語句だと思う。そもそも外来種とは、もともといなかった場所に故意・偶然を問わずヒトの活動により持ち込まれた種を指すが、その時期については定義されず曖昧である。日本では一八六八（明治元）年以降、世界的には一九〇〇年または一四九二年（コロンブスのアメリカ大陸到達年）以降とすることがある。この一四九二年以降はコロンブス交換といい、ヒトによってさまざまな物資・生物の地球規模での往来が始まったことが、生物地理学的にも大展開期となったからだ。簡略にそして宗教色をなくすためだろうか、一五〇〇CE（共通紀元、西暦一五〇〇年のこと）も使われる。重要なのは「侵略的」（invasive）であるか否かであるといわれる。英国オックスフォード大学動物学部のデビッド・マクドナルド氏らは、外来種の「侵略性」を、広域に定着するか多数に達するかの度合いで測るとし、良し悪しは別問題だとしている（Macdonald *et al.* 2007）。一方、国際自然保護連合（ＩＵＣＮ）は、問題をもたらす場合に侵略的外来種（invasive alien species または invasive species）とし、おもな問題とは、生態系または社会経済への悪影響としている。国連生物多様性条約（ＣＢＤ）の定義では、生物多様性への脅威に絞っている。ただしＩＵＣＮおよび多くの科学者たちの共通認識として、生物多様性への一番の脅威は、外来種ではなくヒトによる生息地の喪失と改変によるものである。

栽培種や園芸種などは不問にされることが多いが、家畜としてはブタ、ヤギ、ネコ、ウサギが世界侵略的外来種ワースト１００（http://www.iucn.jp/home-1/news/2016-2）に入っている。では、なにに対してどれくらいどのように侵略的なのか。それを判断するには、データ収集と分析、つまり科学が必要だ。生物多様性の減少のおもな原因の一つと考えられているものの、その定量的・定性的根拠は、外来種が原因で絶滅した、または個体数が減少したと判定される種数であったり、捕食・競合などのモデルであったりして、入れてしまってからの対策には繋げにくい。「侵略的」問題がなければ受け入れる選択肢もある。あるいは人為的に失われたニッチを埋める存在として、生態系に「好影響」を与える場合もある。または「侵略的」問題があっても、その根絶する施策の費用対効果で受け入れるほかない場合も出てくる。このケースはけっこう多いだろうが、現状では費用便益分析さえなされないまま、場当たり的に駆除を行うことが主流ではあるまいか。一定地域内の分布拡大阻止や個体数減少は、実現性をふまえた目標になるが、対策の長期継続が必要となる。陸生哺乳類に関しては、分布拡大が限られ外からの移入もなく、捕獲などの対策が有効な島嶼や半島で、地域的根絶は成功例がある。日本では奄美大島のフイリマングースに対し二〇年間捕獲努力を続けた結果、あと数年のモニタリング期間を経て根絶宣言できるだろうと二〇二一年に環境省が発表した。

タヌキも侵略してる？

ここではタヌキを例に、外来種問題をグローバルに考えてみたい。第2章で述べたように、現生の在来種としてのタヌキは、南限はベトナム北部、北限はロシアのアムール川流域（ウスリー川はアムール川の支流）、西限は中国南部の雲南省およびモンゴル東部、東限は南西諸島を除く日本列島である（図2-8参照）。ところが、ポーランドの著名な生物学者エルゲイニウス・ノワク氏とポーランド狩猟協会のジグムント・ピロウスキー氏によると、前世紀前半に長期間にわたり旧ソ連によって九〇〇〇頭以上も意図的に移入され（Nowak and Pielowski 1964）、さらに毛皮獣養殖場（fur farm）からの逸出が散発して、ウスリータヌキが分布拡大を続けている。ロシア西部および旧ソ連諸国から東欧を経て北欧そして西欧と広がり、現在スイス、フランス、オランダ、ベルギー、北マケドニア、クロアチア、アルバニア、ギリシャ、イタリアの国境を越えている。二〇〇八年六月にスペイン南東部でロードキルの報告があるが、由来は不明である。最近ではトルコのイスタンブール大学獣医学部のモルテザ・ナデリ氏らが、二〇一九年五月にトルコ東部で初めてタヌキをカメラトラップで確認した（Naderi *et al.* 2020）。英国でも、ネット販売さえされるペットのタヌキの野外逸出が頻繁に起こっており、ニュースになっている（The Times 2014; BBC 2017; The Daily Mirror 2020など）。このように今、数十万年前に極東に達したタヌキ属が、数百万年前に祖先が住んでいた西を極めようとしつつある。

タヌキは、EUの欧州委員会が二〇一九年に侵略的外来種リストに入れており、農業および環境分野で科学的見地から活動する国際ＮＧＯのＣＡＢＩ（Centre for Agriculture and Bioscience International）も外来種として注目し、情報をまとめている（https://cabi.org/isc/datasheet/72656）。そして、カリーナ・カウハラ氏とポーランド科学アカデミー哺乳類研究所のラファル・コバルチック氏が、ウスリータヌキの外来種としての適応の高さをまとめている。まずその食性の幅広さは天下一品で、植物は食肉目にしては長い腸や歯の形態でこなし、動物も大型哺乳類の死体から小さな昆虫などの無脊椎動物まで、その地域その時期にあるものを利用できる。次の適応能力は冬ごもりで、極寒地での一番食糧が乏しい冬の生存を可能とし、在来種との競合を緩和し、北への分布拡大に役立ったと考えられる。ただし、カリーナ・カウハラ氏は、フィンランド北部内陸のラップランドに現在分布していない理由を、冬の厳しさではなく、秋に冬ごもりに必要な脂肪を十分に蓄えられるだけの食糧が得られないからだと考えている（Kaarina Kauhala 私信）。しかし、気候変動による温暖化が進み、北極圏もウスリータヌキの生息域候補にあがりつつある。続いて両氏は繁殖力の高さをあげている。もともと食肉目のなかでは平均一腹子数が八〜一〇頭と多く、フィンランドの最高記録では一六頭で、黄体（受精できる卵子の最大数を表す排卵後の卵胞が変化してできる一次的な組織：*corpora lutea*）の数も二三の記録があるという。繁殖可能になる性的成熟が一〇カ月と短く、一歳のメスの三分の二が出産しており、個体群としても繁殖力が高いことを示している。そのうえ、出産後は哺乳類ではめずらしい父親による高度な育児がある。分布の拡大には、分散能力も欠かせない。亜成獣が雌雄ともに分散するのは日本のタヌキも同じだが、ウスリータヌキは二〇キロメートル（二一パーセント）、さらに四〇キロメートル以上（九パーセント）移動する個体もいて、ドイツ北部の記録で九一キロメートルがある。成獣もときには大きく移動する。

第1章でパートナーを失ってから育児を終えた信綱が、二年後の繁殖期に未知の地域へ大きく移動したことを書いたが、大陸ではスケールが違う。スウェーデンでGPSを装着したオスの成獣が二、三カ月で約六五〇キロメートル移動した記録を紹介している。最後に遺伝的多様性をあげている。人為的移入が長期間にわたり異なる地域から多数回行われた結果、初期に一時的ボトルネックが起こっても遺伝的に異なる個体が交配することで多様性を保ってきたと考えられている（Kauhala and Kowalczyk 2011）。クリスチャン・ピトラ氏らによると、分子時計におけるミトコンドリアDNAの変異度から、ウスリータヌキは、ヨーロッパへ移入されるはるか前の四五万七八〇〇年前（七七万三九〇〇〜二二万三三〇〇年前）に二系統に分かれていたという（Pitra *et al.* 2009）。リトアニアのヴィータウタス・マグヌス大学自然科学学部のアルジマンタス・パウラウスカス氏らも、ミトコンドリアDNAのコントロール領域におけるハプロタイプの高い多様性および多様性の地域差を示している（Paulauskas *et al.* 2015）。

ウスリータヌキは、異なる環境に適応して定着し、分布を拡大する能力が高いことはわかった。デビッド・マクドナルド氏らの定義において、分布拡大や個体数増加について「侵略性」を満たすことになる。次に、その影響の有無と度合いを検証するとすれば、捕食、競合、感染症、遺伝子汚染となる。

捕食は直接的な影響である。在来種の個体数を減らすほどに食べるのかが問われる。一般論として、狭い範囲に分布し繁殖力が低く個体数の少ない種に対して、捕食は大きく影響する。つまり、すでに絶滅の可能性が高い種である場合は要注意になる。タヌキのようなジェネラリストは、少なくなってしまった獲物を探してまで食べないので、あまり考えにくい。ただ、タヌキのメニューに載る候補者で、産卵地が限られたり一時的に集まったりする絶滅危惧カテゴリー種については、その時期と場所での保護が必要になるかもしれない。たとえば、ブルガリア科学アカデミー生物多様性と生態系研究所のヨーダン・コシェフ氏らは、ニシハイイロペリカンの生息域西端のスレバルナ自然保護区でその卵を捕食するタヌキの影響は大きく、駆除を含めた対策が必要だとしている（Koshev *et al.* 2020）。さらに、スウェーデン農業科学大学のフレドリック・ダール氏とスウェーデン狩猟と野生生物管理協会のパローヌ・オリヤン氏は、スウェーデン北部の海岸および島嶼群において海鳥の地上巣で卵やヒナを捕食しており、少なくとも在来のアカギツネやヨーロッパアナグマによる捕食圧に付加し、湿原やヨシ原を在来食肉目より利用するタヌキはそれ以上の影響を与えうるとしている（Dahl and Åhlén 2019）。このように、一時期に集中して生息する希少な在来種は、とくに移動能力が低い卵や両生類など含め、タヌキによる捕食が局所的に影響を与えることは十分に考えられる。しかし、もとはといえば、たいていヒトが、すでに生息地をなくすか乱獲（その対象種の主要食物を含め）して行き場をなくし数を減らしたものであろう。気づいたら消滅してしまっていたなど、あとからわかっても遅い。それは在来・外来の捕食者のせいではなくわれわれの責任である。

次に、競合は間接的に影響する。よく食性調査で同じものを食べるから競合すると結論づけているが、資源が、ここでは食物または採食場だが、限られていなければ競合にはあたらない。ただ、ある種がよい餌場を排他的に占有し、「限られた採食時間」の競合はあると思う。カリーナ・カウハラ氏とラファル・コバルチック氏は、ウスリータヌキと同じギルド（同じ環境資源を同じように利用する種のグループ：guild）のアカギツネやヨーロッパアナグマやマッテンについて、さまざまな食性研究がなされタヌキとの食性の重複が認められているが、外来タヌキの出現や増加による在来種の個体数に対する影響は確定できないとしている（Kauhala and Kowalczyk 2011）。ドイツのルクセンブルク自然史博物館のフランク・ドリィガラ氏らおよびフランク・ドリィガラ氏とドイツのロストック大学動物学部のヒンリッヒ・ゾラー氏も、在来アカギツネとの食性の重複が大きいものの、その幅広い生息地利用などにより競合の可能性は低いとしている（Drygala *et al.* 2013; Drygala and Zoller 2013）。ただし、カリーナ・カウハラ氏とラファル・コバルチック氏は、フィンランドでタヌキが急増した地域でアカギツネの減少が認められ、高密度の分布域も二種で異なるという（Kauhala and Kowalczyk 2011）。これは日本でも北海道と本州以南でタヌキとキツネの密度が逆転しており、共存しながらも環境許容度や要求度に差があり、またはニッチ分割（競合する種が各々のニッチを変異させ共存しやすくなる過程：niche partitioning）により差が出て、すみわけの濃淡が起こるのかもしれない。また、ラファル・コバルチック氏らによると、アナグマが掘った巣穴（sett）にタヌキが冬の厳しい時期に居候し生存を支えていると考えられ、アナグマの存在がタヌキの定着に一役買っているという（Kowalczyk *et al.* 2008）。もともと中型食肉目種間の巣穴の共同利用は、共存地域で頻繁に行われてはいるが、いわゆる「同じ穴の狢」（図3－2）は、ヨーロッパでも起こるようになった。とかく外来種の競合問題は複雑でわかりにくい。絶滅危惧種の捕食者や競合者を、外来種が捕食して間接的に助けている場合もある。外来食肉目のアライグマやアメリカミンクが同時に定着した場合など、さらに複雑性が増すだろう。ここでもいえるのは、ヒトによって脆弱化された生態系では、外来種の影響も増幅されうるということである。

第三に、外来タヌキの定着でとくに深刻だと思われるのは、人畜共通感染症である。カリーナ・カウハラ氏とラファル・コバルチック氏があげているのは狂犬病、エキノコックス症、トリヒナ症および疥癬症である（Kauhala and Kowalczyk 2011）。詳細は次節で述べるとして、タヌキが雑食でなんでも食べること、巣穴や餌場においてキツネやアナグマなどと接触機会があること、高密度になりうること、分散能力が高いことなど、感染症の媒介者としての資質がかなり高い。

図 3–2 「同じ穴の狢」。同日の 19:26 にタヌキ（上）が、23:10 にアナグマ（下）が同じ巣穴の出入口から出てきた。複数の出入口があるので、初めて出たのではない可能性がある。

最後に、遺伝子汚染をもたらす交雑問題は、ヨーロッパで一属一種一亜種の外来ウスリータヌキの場合、遺伝的に固有の個体群も今のところないと思われ、問題ではないだろう。

以上の観点から、外来種としてのウスリータヌキは、生態学的にはニッチの隙間をついて、在来種とわりとうまくやっているといえるかもしれない。そのなんにもこだわらない生態が繁栄と共存をある意味可能にしている。しかし、絶滅危惧カテゴリー種への影響や感染症については注視し、なにかしらの対策が必要になる場合もあると考えられる。

外来タヌキの社会経済に対しての影響において、まずスポーツと毛皮目的の狩猟対象としてのプラスの価値がある。だたし、毛皮の販売・流通は今のところ養殖ものが主流である。経済的損失については、フィンランドのカリーナ・カウハラ氏とアンナ・イハライネン氏が、タヌキの糞に出る植物の約二〇パーセントがオーツ麦などの穀物であると記し（Kauhala and Ihalainen 2014）、ドイツのポツダム大学動物生態学部のフランク・ドリィガラ氏らが、トウモロコシをアカギツネより採食していることを示しており（Drygala *et al.* 2013）、デンマークのオーフス大学生物科学部のモーテン・エルメロス氏らも、トウモロコシの他、コムギ連を食べていることを報告している（Elmeros *et al.* 2018）。しかし、オランダのマルダー自然局のジャープ・マルダー氏によると、ヨーロッパにおける経済的損失は、トウモロコシや低木果樹においてわずかにあるかもしれないが、家禽や家畜に対する食害もまずないとしている（Mulder 2011, 2013）。総じて、ヨーロッパの外来タヌキによる経済的損失は、狂犬病や寄生虫などの抑制事業などへの支出が主だとされている。

ヨーロッパにおいても、外来種を放置しているわけではない。それなりの予算・人・時間を使い、成果が出ているところもある。北欧諸国では外来タヌキの管理システムがある。MIRDINEC（Management of the Invasive Raccoon Dog In the North-Europe Countries）というが、フィンランド・ノルウェー・スウェーデン・デンマークで、国境を越え協力して調査・研究・対策をやっている。平たくいえば、捕獲効率を上げるため、フルタイムで雇用したハンター、カメラトラップや臭いのルアー、専用追跡犬、捕獲後去勢・避妊手術し発信器をつけ家族に帰らせる「ユダ作戦」、および市民の情報提供システムなど、あらゆる手段を使ってタヌキを捕殺する。これにより、フィンランドからスウェーデンとノルウェーへの分布拡大とデンマークの個体数増加を抑えられたという。

外来種による被害とその管理に掛けるコストは、年々増加の一途を辿っている。フランスのパリ南大学生態学・分類学・進化学研究室のクリストフ・ジャニィ氏らは、InvaCostというデータベースを構築し、全世界の侵略的外来種による経済的損失の算出を試みた。その天文学的数字と増加スピードに驚くが、このようなデータから科学的知見のギャップ・対策や分類の偏り・国際的協力の必要性などが見えてくる。そして経済的な意思決定に資するとしている（Diagne *et al.* 2020, 2021）。

一方で、ヒトの活動なども含め進化の営みとして放置してもよいと考える科学者もいる。このあたりが本来の科学だと思う。学問としての科学は、哲学から発祥・発展したので、価値観や認識論など含め総合的に考えるべきだと思う。科学技術とひとまとめにいってしまったら、それはもう科学の本質から外れる徴《しるし》だ。科学が基盤でも、目先の役に立つだけの技術が重宝され、基礎科学と哲学が蔑《ないがし》ろにされている現状を、私は憂えずにはいられない。野生生物は外来種としても、われわれに「哲学」を問うている。

2　運び屋（媒介者）としてのタヌキ

ここでは人畜共通感染症を中心にいくつかを取り上げる。ただし、野生タヌキが媒介する感染症は家畜にもおよび、タヌキの個体や個体群、さらに食肉目ギルドに大きな影響を与え合うものは多岐にわたり存在する。病原体・寄生虫を含めいろいろ繋がりがあるのが野生生物。「野生」とはそういうものである。ヒトにとって問題になるのは、根絶したい感染症の「運び屋」や「備蓄倉庫」になりうる野生生物の存在である。ヒトが持ち込み、野生生物を絶滅させたことのほうがはるかに多いと思うが……。

狂犬病

狂犬病は、感染者（媒介者）の唾液にいるリッサウイルス *Lyssavirus* が傷や粘膜を通して体内に入り、中枢神経系において増殖し、神経細胞から唾液腺の分泌組織に至ると唾液にウイルスが排出され、感染サイクルが完結するウイルス性感染症である。ヒトに対しては暴露前および暴露後予防接種があるが、発症してしまった場合、集中治療を行わなければ二週間以内での致死率がほぼ一〇〇パーセントといわれる。世界保健機関（WHO）によると、おもな感染域はアフリカとアジアであるが、全世界で年に五万九〇〇〇人が狂犬病で死亡していると推定され、そのほとんどがイヌの咬傷によるものだとされる。野生ではコウモリの他、キツネやタヌキなどの食肉目がおもな媒介者となる。感染した動物は、攻撃的になり唾液も多くなり、噛みついて感染させる確率が高まる。そして、重症化後の一週間以内に死亡に至るという。

タヌキが媒介者となる地域は、おもに極東ロシア・中国北部・朝鮮半島・ヨーロッパである。もっともヒトの死亡者数の多いインドはタヌキの分布域ではない。中国の感染者が多い南部では生息密度の低いタヌキの感染事例はないが、一九八二年に朝鮮半島の根元の遼寧省で三〇頭以上のタヌキの死亡が確認された。韓国の動植物検疫庁のヘンハン・ヒャン氏らによると、一九九四〜二〇〇三年に韓国北部においても、動物で三二〇件およびヒトで五件の狂犬病の発症が報告されている（Hyun *et al.* 2005）。今世紀では二〇〇七年に内モンゴル自治区で一頭の感染タヌキから一五頭のイヌに感染が広がった報告がある。最近では、イヌのワクチン接種や単頭飼育などで感染数は激減しているようだ。たとえば、中国における最高記録の一九八一年の死者数は七〇三七人であるが、二〇一九年には二七六人となっている。ヨーロッパでは、フィンランドの国立獣医学・食物研究所のリーサ・シフヴォネン氏が、一九八八年にフィンランド内で二八年間起こっていなかった狂犬病が発生し、六六頭の動物において発症が確認されたうち四八頭がウスリータヌキであり、この外来種とキツネに対しての経口ワクチン接種が成功し、再び一九九一年に清浄国になった経緯を記している（Sihvonen 2001）。

市販の狂犬病経口ワクチンの有効性（自発的に食べるか、薬包を噛んでワクチンが粘膜につくか、感染を予防するかなど）を検証する研究で、フランスの狂犬病と野生生物のためのナンシー研究所（AFSSA－NANCY）のフローレンス・クリケット氏らは、タヌキにおいても有効性を確認した。キツネ・タヌキ・イヌの実験動物は人為的にウイルスに暴露され九〇日間観察されるのだが、ワクチンを提示されなかったコントロール群の実験動物は、発症後安楽死させられた。タヌキはおよそ二〇日後に発症したが、その発症行動についてキツネやイヌとの違いを記述している。発症してもタヌキは攻撃的になったり、荒々しく吠えたりすることはなかったという（Cliquet *et al.* 2008）。狂犬病を発症して牙を剝き涎を垂らすイヌの写真を見ると心が痛むが、なにもいわないタヌキを想像するだけで胸から喉の奥が重くなる。攻撃的にならないというのが、せめて感染させる確率がわずかでも低くなることになっていればいいなと思う。

ＳＡＲＳ（重症急性呼吸器症候群）

ＳＡＲＳは、二〇〇二年一一月に中国広東省で死者が報告され、新興感染症として九カ月間で三二の国と地域において八〇〇〇人以上の感染者と致死率九・六パーセントで八〇〇人近い死者を出した。香港大学公共衛生学院のイー・グアン氏らは、中国広東省の動物市場でハクビシンとともにタヌキからもＳＡＲＳウイルス（ＳＡＲＳ－ＣｏＶ）を検出した（Guan *et al.* 2003）。しかし、その後の香港大学微生物学部のマイケル・ラウ氏ら、中国科学院動物研究所のウエンドン・リー氏らおよび香港大学微生物学部のヘイス・ルク氏らなどの研究で、感染源はキクガシラコウモリだと判明し、ハクビシンやタヌキは中間宿主またはウイルス増幅動物と考えられ（Lau *et al.* 2005; Li *et al.* 2005; Luk *et al.* 2019 など）、多数の殺処分も含め被害者でもあることがわかった。ここでも、劣悪な環境で飼われたり売られたりすることで、感染症の運び屋となった哀れな動物たちがいた。

二〇一九年末に中国湖北省で報告された新型コロナウイルス感染症（ＣＯＶＩＤ－19）において、ＳＡＲＳウイルスと少し異なるウイルスが特定され、ＳＡＲＳ－ＣｏＶ2と命名された。再び犯人探しが行われ、中間宿主にセンザンコウ、アナウサギ、イタチアナグマ、ヘビなどがあがった。一方、ヒトから動物への感染もあとを絶たず、ペットのネコやイヌおよび動物園のトラ、ライオン、ユキヒョウ、ゴリラ、カバなどの飼育個体への感染が報告された。感染した個体の発現でデンマークの毛皮養殖場のミンクの大量殺処分が欧米メディアを賑わしたが、ヨーロッパと北米の一二カ国で感染が明らかになり、養殖の禁止への動きが早まっている国もある。さらにミンクは初めてヒトへの感染が確認されており、国際連合食糧農業機関（FAO）などがリスク・アセスメントを発表している。モンゴルでは、ビーバー保護養殖所においても絶滅危惧ビーバーの感染が確認され、北米の野生オジロジカから抗体が検出された。これでは、ヒトがウイルス増幅動物だ。

養殖場での感染が問題になるのは、多数が密集したストレス下で飼育されている場において膨大な数が感染するなか、ウイルスが変異する可能性が高まり、感染力が高かったりワクチンが効きにくくなったりする変異株が発現し、ヒトに移し返す事態になればパンデミックが再現されうるからだ。毛皮獣養殖場はウイルス養殖場になる可能性があるといえる。

エキノコックス症（包虫症）

条虫エキノコックス属 *Echinococcus* は、イヌ科（一部ネコ科）が終宿主の寄生虫で、終宿主ではほぼ無症状である。ヒトへの感染は、糞に排出された虫卵を誤って飲み込むことで起こり、体内で成虫になって肝臓などで増殖することによって発症に至る。長い潜伏期間と発症後の重篤さが問題である。WHOによると、世界では常時一〇〇万人以上のエキノコックス症および毎年二万人弱の死亡が推定されている。タヌキについては、酪農学園大学の神谷正男氏が、終宿主としての感受性がキツネより低いがネコより高いとし、個体により虫卵を排出すると述べている（神谷 二〇〇四）。

旭川医科大学の並木正義氏によると、北海道で一九三六年、日本で初めてのエキノコックス症が確認されたが、これは中部千島の新知島《シンシル》から礼文島へ人為的に導入されたキツネによるもので、もとを辿るとエキノコックスの流行地であったセントローレンス島からキツネの餌として持ち込まれたネズミを介し、コマンドル諸島の養殖ホッキョクギツネを経てもたらされたという。野ネズミ退治とキツネの毛皮を目論んだ結果であった。さらにその三〇年後の道東での発症は、養狐産業のさかんだったモユルリ島やユルリ島から泳ぎ着いたキツネが原因だという（並木 一九九二）。このように間接的ではあるが、ヒトが清浄地域に寄生虫や病原体を持ち込むことはままあることだろう。

トリヒナ症（旋毛虫症）

トリヒナ症は、筋肉内にいる旋毛虫トリキネラ属 *Trichinella* の嚢胞（シスト：cyst）が不完全な加熱のまま食べられ、胃液で外嚢が溶けて出た幼虫が消化管を経て筋肉組織に移動して起こる寄生虫感染症である。アメリカ疾病予防管理センター（CDC）によると、世界では毎年およそ一万人が感染し、まれに重篤な症状を示し死亡する場合もあるという。感染源で多いのがレアの豚肉だが、ジビエの熊肉・猪肉なども生焼け厳禁だ。タヌキなんて食べないから大丈夫、とはいかない。肉食や雑食の野生生物が、食物連鎖のなかで保因宿主（reservoir）となり、ヒトが食べたそうな獣にこの旋毛虫を運ぶのだ。カリーナ・カウハラ氏とラファル・コバルチック氏によると、ウスリータヌキの定着後に野生生物の有病率が上がったという（Kauhara and Kowalczyk 2011）。

ところで、私は狸汁を食べたことがない。愛する者を食べる気がしないうえに、彼らの臭いは食欲をそそるものではない。糞はもちろん独特の臭いがあるが、体臭も「野性味」を超えるものがある。血液も臭う。ロードキルの解剖中にラテックス手袋に穴が開いて血が先に溜まり、指が浸ったことがある。石鹼でよく洗っても臭いはしばらく残った。似た食性のアナグマの血肉がそうは臭くないのが不思議だ。だからタヌキは好んで食べられないのかと思っていたが、そうでもないらしい。演出家・小説家である田中経一氏によると、食通で知られる北大路魯山人の星岡茶寮の評判料理にあったそうである。曰く「狸汁は野生の狸を使った料理だった。臭みの強い太平洋側のものは避け、加賀白山で捕まえたものだけを利用した。調理の仕方は、上身を薄く切り、出刃の峰で叩いて柔らかくする。これに味噌を加え酒に浸し、たっぷりの粉山椒をかけ下茹でする。その煮汁は臭いが付いているので捨てる。下煮した身を椀だねにして牛蒡を加え、別に仕立てた味噌汁を張り、吸い口に粉山椒をかけて客に出す」（田中 二〇一八）。これだけ調理すれば、感染症の心配はない。が、やはり肉は硬くて臭いようだ。

疥癬症

疥癬症とは、節足動物のヒゼンダニ *Sarcoptes scabiei* が、角質層に寄生（トンネルを掘り卵を産む）して起こる皮膚病である。宿主特異性が高く、タヌキの疥癬症はイヌヒゼンダニ *S. scabiei* var. *canis* によるもので、ヒトにも偶発的に感染するが、ヒト－ヒト感染やヒトでの繁殖は起こらないとされる。イヌやキツネなどのイヌ科で媒介しあい、個体群に影響を与えることもある。ヒトの疥癬症はヒトヒゼ

ンダニ *S. scabiei* var. *hominis* によるものである。ＷＨＯによると常時二〇〇万人が罹患しており、ウイルス感染との合併症を起こしやすく、重症化すると敗血症や心臓病や慢性腎臓病などにも繋がるという。

ところで、京都市北区に住む中根さんとは、ご夫婦ともにタヌキの縁で知りあった。五山送り火の一つの船形になる船山の麓に位置するその庭に、野生のタヌキがたまに来ることに気づいたのは一九九三年ころだったらしい。中根さんは初めこそ餌をやったりしていたが、二〇〇八年以降に来始めたアナグマに庭の芝生がボコボコにされても、彼らを静かに見守ってきた。二〇一一年一月には初めて疥癬タヌキが来た。その翌年はさらにひどい症状の個体が現れ、死体も見つかった（図3－3）。

図 3–3　京都市北区の疥癬症の流行。上から 2011 年 1 月 18 日、2012 年 1 月 15 日、2 月 27 日、3 月 27 日（死亡個体）。（撮影：中根順子）

米国ペンシルベニア州立大学の協同野生生物研究ユニットのジェラルド・ストーム氏らは、アカギツネの疥癬症が個体数減少または調節に寄与することを認めつつ、イリノイ州とアイオワ州において二割以上の個体が回復したことを記している（Storm *et al.* 1976）。カリーナ・カウハラ氏は、タヌキでも自然治癒することがあるという（Kaarina Kauhala 私信）。そこで以前から不思議に思っていたことがある。カメラトラップに映る疥癬症のタヌキは、未知の動物かと思えるほど毛が抜けてしまっているが、そのなかでわりと元気に動く個体と、痩せてふらふらの個体がいるのだ。茨城県で追跡した疥癬個体も、すぐに死体で見つかるものと調査終了まで生きているものがいた。公益財団法人横浜市緑の協会金沢動物園獣医師の木戸伸英氏は、疥癬症に罹患したタヌキを臨床的特徴（削瘦・低体温・眼球の陥没など）において「衰弱した」「衰弱していない」グループに分け（皮膚病変の程度は同じ）、血液検査のいくつかの項目でグループ差を確認した。慢性的な疥癬症が、栄養失調と敗血症を悪化させ、脱水症状も腎機能障害の原因となりうると考察している（木戸 二〇一四）。動けて飲食ができる個体は生存率が高いかもしれないが、抗体などの影響があるのか、なにが要因で動けるのかは今のところ不明である。

3 売りもの（毛皮）としてのタヌキ

日本でもタヌキの養殖がさかんな時期があった。一九二〇～三〇年代におもに米国にタヌキの毛皮が輸出され、第二次世界大戦中には兵士の防寒装備として使われた。初期は狩猟で輸出用の毛皮を調達していたが、狩猟数は一九二六年の三万三五六一頭をピークに減り続け、一九三五年に一万頭を切った。鳥取県で養狸を営んでいた福田源太郎氏によると、乱獲による野生毛皮獣の減少と需要の増大のもと、養殖による生産へと舵を切った結果、一九三六年における飼養者は全国で二二五五名が登録し、種獣としてオス六八八〇頭およびメス六七〇六頭が飼育され、分娩頭数が一万三二一〇頭に上った。毛皮獣の養殖および輸出は、新興産業から「国策」になり、翌年には岩手県に国立毛皮獣養殖所が設置され、タヌキ、イタチ、キツネなどの養殖の拡充が図られた（福田 一九三七）。養狸のピークは、日中戦争勃発後の日米通商航海条約の破棄（一九三九年）などによる毛皮の価格暴落とともにすぐに終わり、各地で「捕らぬ狸の皮算用」が起きたらしい。その後まもなく第二次世界大戦に突入した。そして、戦後の高度経済成長にともない、日本は輸出国から輸入国に転身し、バブル経済の崩壊とともに毛皮の輸入は激減したが、一九九〇年代当初では、キツネとミンクの毛皮を合わせた最高輸入額は五八億円超、輸入量はそれぞれ七〇万枚と五〇万枚を超えていた。

ロシアの毛皮および養兎研究所のニコライ・バラキレフ氏とエレナ・ティナエヴァ氏およびロシア国立農業大学のナタリア・クシーノヴァ氏とロシア連邦政府金融大学のタチアナ・ヴォラジェイキナ氏によると、旧ソ連では一九二〇年代から始まったミンクを中心とした養殖産業が、第二次世界大戦後には基幹輸出産業となり、一九八〇年代には世界の四割以上を占める年に一二〇〇万枚ともなる毛皮を産出していた。タヌキの養殖も一九二八年に始まり、一九三一年には一五の公立養殖場があったという。ちょうどその時期にタヌキのヨーロッパ圏やコーカサスおよびシベリア地方への人為移入も始まっている。しかし、一九九〇年代以降に餌代の高騰や過剰生産などで生産コストが市場価格を上回り、衰退した（Balakirev and Tinaeva 2001; Khusainova and Vorozheykina 2019）。その昔、日本捕鯨の存続理由の一つに、「日本では肉は人間が食べヒゲなども余すことなく利用するが、外国では養殖のミンクやキツネの餌になっている」など読んだ覚えがある。私がクジラだったら、飢えていないヒトに食われるくらいならかわいそうな囚《とら》われの動物に食べられたい、と思ったものだ。現在ロシアでは、ミンクなどの毛皮の収支は輸入超過だが、クロテンなど高額な毛皮は産業として成立している。年に数十万枚ともいわれるクロテンの毛皮生産のうちおよそ一割は養殖であるが、毛皮生産数と売却数が合わず、密猟が横行しているという。かつて、あれだけのタヌキの移入や養殖に尽力した旧ソ連の流れはロシアには受け継がれていないのか、タヌキの養殖は二〇一二年で種獣が一〇〇〇頭という。

一方、世界の毛皮産業は少なくともごく最近まで発展と拡大を続けており、世界の毛皮生産のおよそ半分はヨーロッパ諸国で、養殖ミンクが九割以上を占める。国際NPOのHumane Society Internationalによると、二〇一八年におけるミンク、キツネ、タヌキ三種の毛皮生産は各々六〇〇〇万枚超、二〇〇〇万枚、一二五〇万枚となっている（図3－4）。ミンクの養殖は二〇一四年をピークに大幅に減少傾向にある。さらに、前述したCOVID－19の影響により、今後は壊滅的になるかもしれない。養殖獣にワクチンを与える話は出ているが、産業としての見通しは立っていない。タヌキはフィンランドで養殖されているが、フィンラクーン（finnraccoon）と呼ばれ、タヌキの毛皮のなかでは高級品だ。ポーランドでもタヌキを含め養殖はさかんだが、二〇二〇年に下院でアニマル・ウェルフェアに関する法改正が、毛皮獣の養殖を禁ずることを含めて可決された。現在、タヌキの毛皮生産量では中国が突出している（図3－4）。ここで私が思うのは、どの国が良い悪いなど考えるのが一番愚かだということである。生産→流通→消費→生産の流れは国際的に繋がっており、消費しない選択肢は、毛皮に限らずだれにでもある。

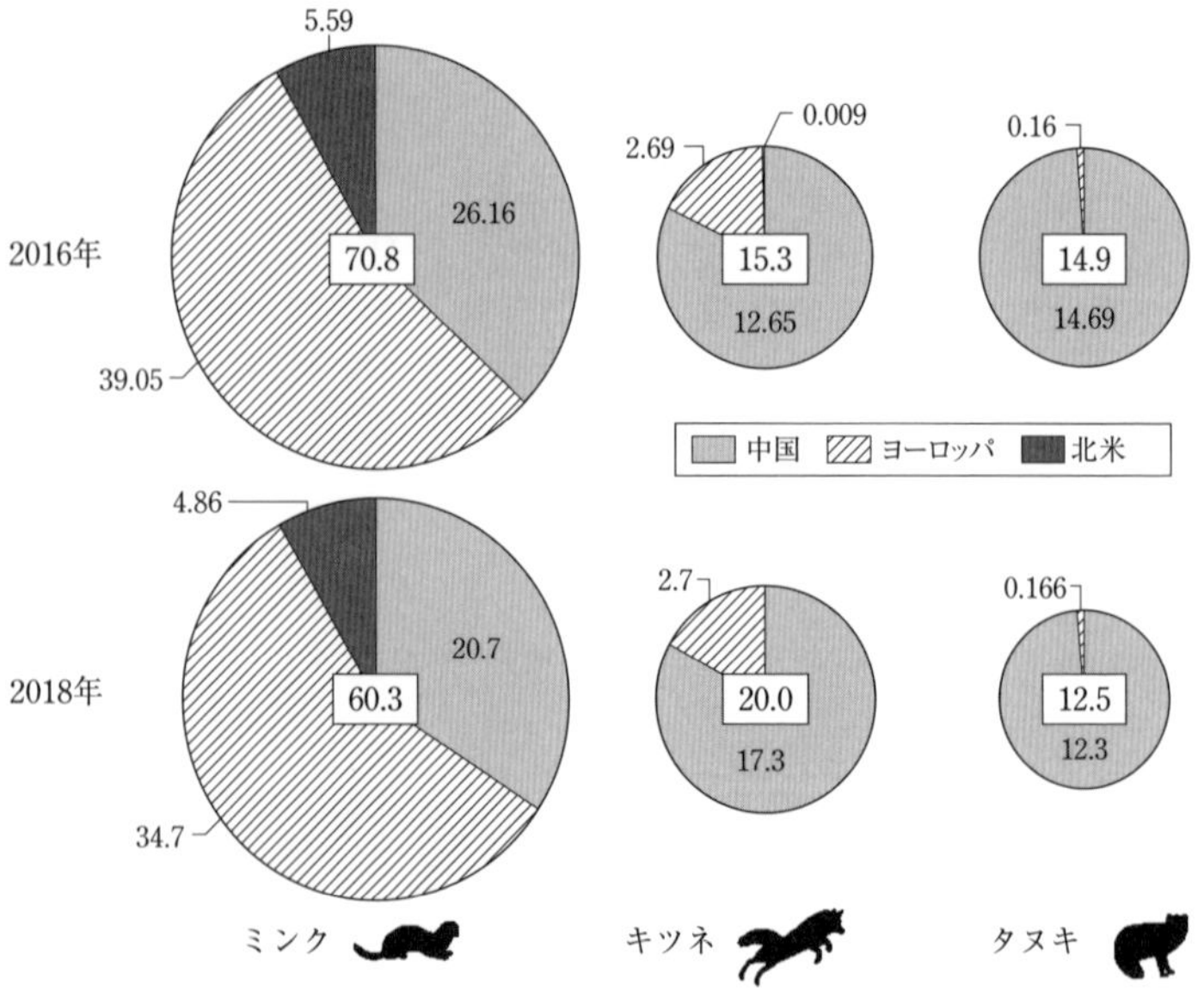

図 3–4　2016年（上段）および2018年（下段）におけるミンク（左）、キツネ（中）、タヌキ（右）の推定毛皮生産量（100万枚）。（2016年のグラフはACTAsia、2018年のグラフはHumane Society Internationalのデータより集計・作成）

毛皮産業における大きな問題はアニマル・ウェルフェアである。アニマル・ウェルフェアは学際的な学問であるが、基礎は動物行動学や生理学などの生物科学だ。日本ではまだまだ認識されていない分野で、科学であるということすら知らない人が多い。毛皮産業大国の中国も、この分野の後進国である。しかもこの巨大社会主義国家では、毛皮の九割が内需といわれ、外圧も効きにくい。逆に今後ヨーロッパの毛皮産業が衰退すれば、その分の拡張も見込まれる。ＡＣＴＡｓｉａの報告によれば、タヌキが一〇〇〇頭以上の大規模施設は一二パーセント、三〇〇〇頭未満の家族経営が四六パーセントに上り、多くの中小養殖場が点在しており、現状把握も困難という（ACTAsia 2019）。そのような養殖場でどのように飼われているか、ここに詳細は記さない。農林技師の竹島嘉平氏が飼養管理として記述している戦前の日本の規格が、一頭一坪（三・三平方メートル）以上、床は土間がよく屋根は半露天（竹島 一九三九）とされているのからは程遠い環境であることは述べておこう。また、「安楽死」と真逆の殺され方についても、ここでの文章化は私にはできない。膨大な数の動物たちが、ヒトの、われわれのせいで今も苦しんでいる。その苦痛は想像を超え、私は諦観に逃れて無力感しか残らない。

タヌキに限らず「よそ者」と「運び屋」と「売りもの」としての動物の立場は、密接な関係がある。「売りもの」になるタネを放したり逃がしたりして「よそ者」を増やし、「運び屋」にもさせてしまう。元凶はヒトの活動と欲望で、それがヒトに返ってくるとヒトが騒ぐのだ。

廻し蹴りは、蹴り脚を曲げて横に上げ（かいこみ）、膝関節のスナップおよび腰と軸足の回転を活かして蹴る。相手の頭部（上段）・脇腹（中段）・太腿（下段）を狙うが、かいこみまでは同じで蹴り分ける。膝を畳むので近距離でも蹴れるのが空手の特徴である。

内廻し蹴りは、脚を体の正面で内から円を描くように廻し、背足《はいそく》（足の甲）をあてる。逆回転は**外廻し蹴り**となり、底足《ていそく》（足の裏）で蹴る。
この技は、相手の顔を平手打ちのように叩く、または護身術では武器を持つ手首などを払う。

第4章　タヌキは化かすのか？——タヌキの化学《ばけがく》

私は動物の恩返しの話が嫌いである。人（も動物だが）が（人以外の）動物の住処を奪い、多く殺めているのは昔も今も同じだ。ちょっと助けて見返りを期待したり当然だと思ったりするのは、あさましい。いっそのこと動物が人を懲らしめてやれと思っている。もちろん、首を吊らせる化け狸には会いたくないが、音を立てて怖がらせたり、おんぶをねだったりするくらいはかわいいものだ。

1　「化ける」と「化かす」

「化ける」が変身を意味するなら、世界中に変身譚はある。生物史学者の中村禎里氏は、著書『狸とその世界』のまえがきを、「ヨーロッパの民話においては、動物が人に変身することはほとんどない」と述べることから始めている（中村　一九九〇）。西洋で人が動物に変身するのは、能力を発揮する魔法であるか、その変身自体が罰や試練である（許されれば人に戻る）という。私は小学生のころ『少年少女世界文学全集』（講談社）の妖精や悪魔の話が大好きで、繰り返し読んでは神話や民話に魅了された。そこに一方的でない「試す・試される」「騙す・騙される」世界があった（そのなかで『イワンの馬鹿』のイワンは最強だ）と思う。中国の変身譚は、虎や狐や蛇などが人に変身する。日本の「化ける」話の由来がそれなのか、古代日本のアニミズムなのか、または融合なのか私は知らない。アイヌのカムイユカㇻでは、さまざまな動物が語り手のカムイとなるという。エゾタヌキ（モユㇰ＝小さい獣）は、アパサムンカムイ（戸口の神）または神の使いとしても存在しており、昭和女子大学大学院の五関美里氏によると、クマだけでなくタヌキのイヨマンテ（送り儀式）があり、地域によってはクマの使いとして扱われていたという（五関 二〇一七）。タヌキの分布域（図2－8参照）の民話・昔話では、日本以外あまり狸は登場せず、虎や狐が断然多い。宮沢光顕（雅号は千皷堂狸念）氏によると、孫晋泰《ソンシンティ》著の『朝鮮の民話』一二〇篇と崔仁鶴《チェインハグ》著の『朝鮮伝説集』五八三篇のうち、動物ものを数えると虎・蛇・犬・狐の順で多く、狸はたった一話であったという。大狸が女に化けて肉を買いに来る話で、肉が少しずつ不足するので怪しんだ主人に捕まえられ肉切庖刀で刺されるというものである（宮沢 一九七八）。また、新潟県立新潟女子短期大学の水上則子氏によると、ロシアでも狸の話は見られず熊・狼・狐が多いという（水上 二〇〇九）。『イワン王子と火の鳥と灰色狼』では、狼が馬やエレーナ姫に化けてイワンを助ける。これが、動物が人に化ける希少な例なのか、狼が万能なのかはわからない。スラブ文化では狼は重要な役割を持つといわれる。

変身ではないが、半人半獣ではギリシャ神話のミノタウロス（牛の頭）やケンタウロス（馬の体）、ヒンドゥー教のガネーシャ（象の頭）やヴァラーハ（猪の頭）、古代エジプトにはメルセゲル（コブラの頭か体)、トート(朱鷺または狒々の頭)、バステト(猫の頭)など多くの神がいる。神とはちょっと違うが、人魚の話は世界中にあり、人狼はヨーロッパに多い。ともあれ、人が動物を畏敬・畏怖し、同化を願うほどの憧憬が潜在していたのは万国共通であろう。

「化かす」は、「化ける」ことによって騙すことであったり、超常現象を起こすことであったり、動物憑依を含むわけがわからなくなる心理状態や異常行動に人を陥らせることだったりする。この動物憑依について日本女子大学人間社会学部の中西裕二氏は、佐渡の「貉憑き」と呼ばれる現象の事例調査を行った。まず、佐渡のトンチボ(貉)はなにかである。現地では「狸と貉はまったく別種であるという観念」が強いが、トンチボの「尾が太い」はタヌキを、「穴に住む」「母貉一匹と子貉二匹で行動」はアナグマを連想させる。トンチボは「四つ足」「畜生」であり、一方、「ケモノであってケモノでない」という共通認識もあるそうで、中西氏は貉を「両義的あるいは多義的性格を持つ動物」と位置づける。それが「化かされる」「憑く」という貉と人との相互作用を生じ、アリガタヤやドンドコヤという宗教職能者がその間(相互作用)を取り持つ、または絶つ存在として成り立つのかもしれない。また、憑依例に「わけのわからないことを喋る・話しかけてもボーッとしている・四つ足で走る・部屋のなかで排便をする・過食する」などとあるのに、地元ではあまり忌避的な態度で語らないなど、ある種の親しみを共有しているようである。中西氏は、それをネガティブな側面と「現世利益的な生き神としてのポジティブな側面」が共存していると表現している。少なくとも佐渡では、「化かされた」場合は「憑かれる」と異なり、直接物理的・身体的被害がないという(中西 一九九〇)。

ところで、新潟大学農学部の斉藤昌宏氏が、佐渡の遺跡から出土した動物遺骸についてまとめている。

タヌキは畑野町（現・佐渡市）の縄文時代の三宮遺跡からのみ獣骨が出土しているが、アナグマはどの遺跡にも見られない（斉藤 一九八八）。「ケモノ」のトンチボはタヌキであろうか。

化かされ話のなかには、自分の失敗を狸の仕業だとする責任転換や錯覚、さらには差別意識や時事批判などから生まれたものがあると思うが、私は一応科学者だから超常現象を否定しない。わからないものはわからない。自然現象は一期一会で再現できないものがある。しかし、酔っぱらって事故を起こしたり人を殴ったりすると酒のせいにする輩がいるが、それは許せない。富水に対する礼がなさすぎる。いっそ現代で狸のせいにするくらい開き直ってみればいい。狸、とくに「酒買い狸」はちゃんとお仕置きをしてくれよう。

主語が狸であれば「化ける」と「化かす」は違う意味になるが、受け身にして主語を人にすれば同じ「化かされる」になる。いくつものパターンが生まれ、語り継がれ、影響しあって、地域に根づいていったのだろう。さらに、狸が登場し、化ける・化かす話は、日本固有のものだと考えられる。排他的な一神教の人格神とは対照的な八百万の神が曖昧に受け継がれてきた日本では、民話のなかの狸も文化的多様性を保ちながら変容し、生物のタヌキと同様に、固有の進化を遂げているようだ。

2 狐狸

キツネとタヌキは、中型のイヌ科ということで遺伝学的にも生態学的にも、程よい距離感で対比がしやすい。野生でありながら人との距離も近く、オオカミやクマほど怖くないし、ヤマネコのように希少でもない。名前がカ行・タ行・ナ行の三音で成り立つところも同じで、漢字の音読みはともに一音だ。中国語の「狐狸《フゥリィ》」はキツネを指すという。

狸と狐は化け・化かす大家である。「狐狸の輩」や「狐狸妖怪」といえば人を騙す悪者で、間に犬を挟み「狐狗狸さん」になるとなぜか占いになる。「狸の八化け、狐の七化け」といわれ、人だけでなく妖怪や物や現象にも化けられる狸に軍配が上がる一方で、狐のほうが最後まで化かし通すともいわれる。作家で美術館の学芸員の経験もある加門七海氏は、狸は「正体を明かすことを含めて人をばかしている よう」と述べている（加門 二〇一四）。ばれなければ話題にもならず、ばれても「えへへ」で許されるような狸の愛嬌なのかもしれない。つまり狸は化ける（一過性）に長けて、狐は化かすに長けているともいえよう。英語でも「騙された」という意味で foxed を使う。

化かす能力において、狸は音のイメージがある。中村禎里氏は、狸と音響の関わりについて、民俗学者の柳田邦男氏がすでに一九一八年の著書で指摘していると述べている（中村 一九九〇）。狸といえば狸囃子に腹鼓、「踊るポンポコリン」である。今もタヌキの名に「ポコ」や「ポン太」が多いわけである。一方、狐は狐火や狐の嫁入りの提灯など光に繋がる。ただし、民俗学者の早川孝太郎氏は、狸の灯す火は青とも赤ともいうが、狸の火は赤く狐の火は青いとも述べている（早川 一九七九）。児童文学作家で民話研究家の松谷みよ子氏も、狸火など八類にまとめているが、やはり狸は音真似が達者らしく、腹鼓を別にして木・石・雨の立てる音はもとより、機織りから人の声や三味線まで二三類もの話例にまとめている（松谷 一九九五）。中村禎里氏はこの点について、狸が山中の見通しの悪い場所において音で惑わし、狐が稲荷信仰の影響で山中から平野部や都会にイメージが進出して視覚で惑わすことになったのだろうと論じている。人慣れした狸は「幻視のサーヴィスをおこなう」ともしている（中村 一九九〇）。タヌキは藪や屋敷林など近くにいても姿が見えず、しかし餌付けなどで人慣れしやすく、キツネは畑の端や草原にも巣穴を構えるという現《うつつ》の生態ともかみあうところがある。さらに行動生態学的にいえば、キツネは音ではなく声で存在感がある。行動圏が大きいキツネにはゥワーン、ギャーン、ケッケッケッとよく通る声があるが、家族間の近距離で「会話」するタヌキはクゥーン、キューンで事足りるのかもしれない。人に聞こえる範囲の話ではあるが。

宮沢光顕氏は、「狐は書を、狸は画をかく」説を紹介している。良恕狸という絵師による画の写真を載せており、狸によるとされる書画が各地に残されているが、狐による書はほとんど残っていないという（宮沢 一九七八）。中村禎里氏は、近世に布袋・寒山・拾得の絵を請われるままに描いて歩く狸の勧進僧が出たと述べ、下級僧との関係の暗示としている（中村 一九九〇）。現在、長野県下伊那郡泰阜村温田や石川県輪島市の覚皇院にも狸の描いた絵が残されているそうである。

農作物被害に関していえば、キツネは穀物被害を出すネズミなどを捕食するので益獣とするとらえ方もある。そして、キツネは「稲成り」、つまり稲荷信仰と深く結びつき、全国に三万ほども稲荷神社があるという。ただし、伏見稲荷大社によると、狐はあくまで眷属であり「神の使い」として存在し、生きものではないという。対して、雑食性が非常に高いタヌキは、農作物を食べるほうである。『カチカチ山』では畑を荒らすだけでなく歌でからかい、おじいさんの農作業をじゃましている。

しかし、眷属や「神使」止まりの狐と違い、狸は「神」または「神相当」として大明神になることもある。狸と関連する寺社も多い。とくに四国に多く、私が調べただけでも四七（讃岐が九、阿波が一九、伊予も一九、土佐はゼロ）を数え、全国には一五〇以上ある。狸の大明神をはじめ、狸地蔵に狸塚、そして狸僧・狸和尚の伝説や謂れのある狸の昔話がさまざまな寺社に残されている。ここにもヒエラルキーやシステムに組み込まれた稲荷信仰の狐と、大らか（大雑把）にキャラが立つ個性派の狸の対比が見られる。中村禎里氏によると、古代では「動物＝神」であったものが、仏教の浸透とともに神仏の象徴としての動物は受け入れられず「神の使い」になり、とくに狐は稲荷の神使として確立した。一方、「たぬき」は動物より「妖怪」として扱われるなか、「神の使い」ではなく「域外の神」になったという。どちらも「仏教に屈従」した結果だろう。おもしろいのは、タヌキ（的なもの）は木に登ることで上からの存在で「神」に近いとされるものの、下級宗教者や差別される賤民・精神疾患者などの弱者への共感や時の権力への反感への象徴としても伝説・民話を紡いできたと解釈できる点である（中村 一九九〇）。

3 日本狸名鑑

とくに四国と佐渡に顕著だが、「名のある狸」が語り継がれている。なぜか狸は「ある狸」ではなく、名前や住むところ（住所）があり、夫婦や親子、親戚関係まで明らかなものがいる。その多くが、前述したように「神」扱いされている。霊験あらたかな狸はもとより、人や犬に殺されて怨念を怖れられ祀られる狸や、いたずら狸や化け狸さえ大明神になっているからおもしろい。

日本三大狸といえば、「佐渡の団三郎」「屋島の太三郎」「淡路の柴右衛門」とされる。団三郎は、佐渡の狸の頭領として百を超える子分をしたがえ、そのうちの四天王が潟上の湖鏡庵の財喜坊・徳和の東光寺の禅達・関の寒戸のお杉・真野新町重屋の源助である。化かしあいで勝って佐渡島から狐を追い払ったともいう。団三郎の神名は二つ岩大明神となる。讃岐の太三郎は別名「屋島の禿狸」といい、屋島の守護神として活躍し、人からも尊敬を集め、神名は蓑山大明神である。狸に仏徳を広め、幻術にも長け、愛妻家であったという（これはタヌキとしてあたりまえだが）。淡路の柴右衛門は、芝居好きで知られ、千両役者に化けて人を化かしたりしても好かれていたという。しかし、浪速の中座へ通ううちに木戸銭の葉っぱがばれて犬に追われ殺されてしまう。その後、中座の人気が廃れてしまったが、柴右衛門を芝居の神として祀ったところ盛況が戻ったという。狸については一族・親族・家族が語られ、伝説の横の繋がりも見られる。たとえば、柴右衛門の妻はお増、長男が柴助、娘がお松で、柴右衛門は太三郎の屋島寺を中秋の名月に狸を大勢引き連れて八百八狸の御祭日に列席したとか、団三郎は『カチカチ山』の兎に討たれた狸の子であるという伝承があるという。

全国の狸の民話や語りについて松谷みよ子氏が集めたもの（松谷　一九九五）を、都道府県で集計したところ、おもしろいことがわかった。四国に突出して話が多いのは当然だとしても、その近傍でありタヌキの個体数密度が高いと考えられる九州と中国地方にはほとんどなく、東北も少なく北陸は佐渡以外ないに等しいのである。狸に関係する寺社の分布も、これと同じような傾向がある。その他の地域の狸話は、中部地方では長野に多く、愛知・岐阜・静岡にのみやや多い。関東地方でも濃淡があり、意外に東京で多く、千葉・群馬と続く。近畿では和歌山に多く、隣の三重で少ない。文化は、交通・産業・宗教などが複雑に絡みあって伝播・変容していくものであり、伝承・語りなどはなおさら個々の繋がりが行く末を左右するのだろう。

4　むかしむかし

図 4–1　歓喜寺の由緒案内。この宮大工仕込みの建造物は、市原貞氏（屋号：鉄骨屋）が造り奉納した。市原氏は他に巨大な観音木像なども奉納している。

これは野外生物学者（field biologist）である私が、野外調査中に経験した事象をもとに語る「昔話」である。

むかしむかし、あるところに、タヌキに魅せられた人がおった。名を緑のたぬきといい、残念なことに体力以外は大した能力がなかったが、「タヌキを知りたい」という一念で日本各地を訪ね歩いておった。そんな折、童のころに何度か夏を過ごした下総《しもうさ》に立ち寄った際、上総《かずさ》のある地でタヌキがいると聞きおよび、その集落に向かった。そして偶然、歓喜寺というお寺（図４－１）でその地の最後の罠師、後の師匠に巡りおうたそうな。

緑のたぬきはアナグマの巣穴にちゃっかり間借り

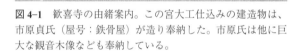

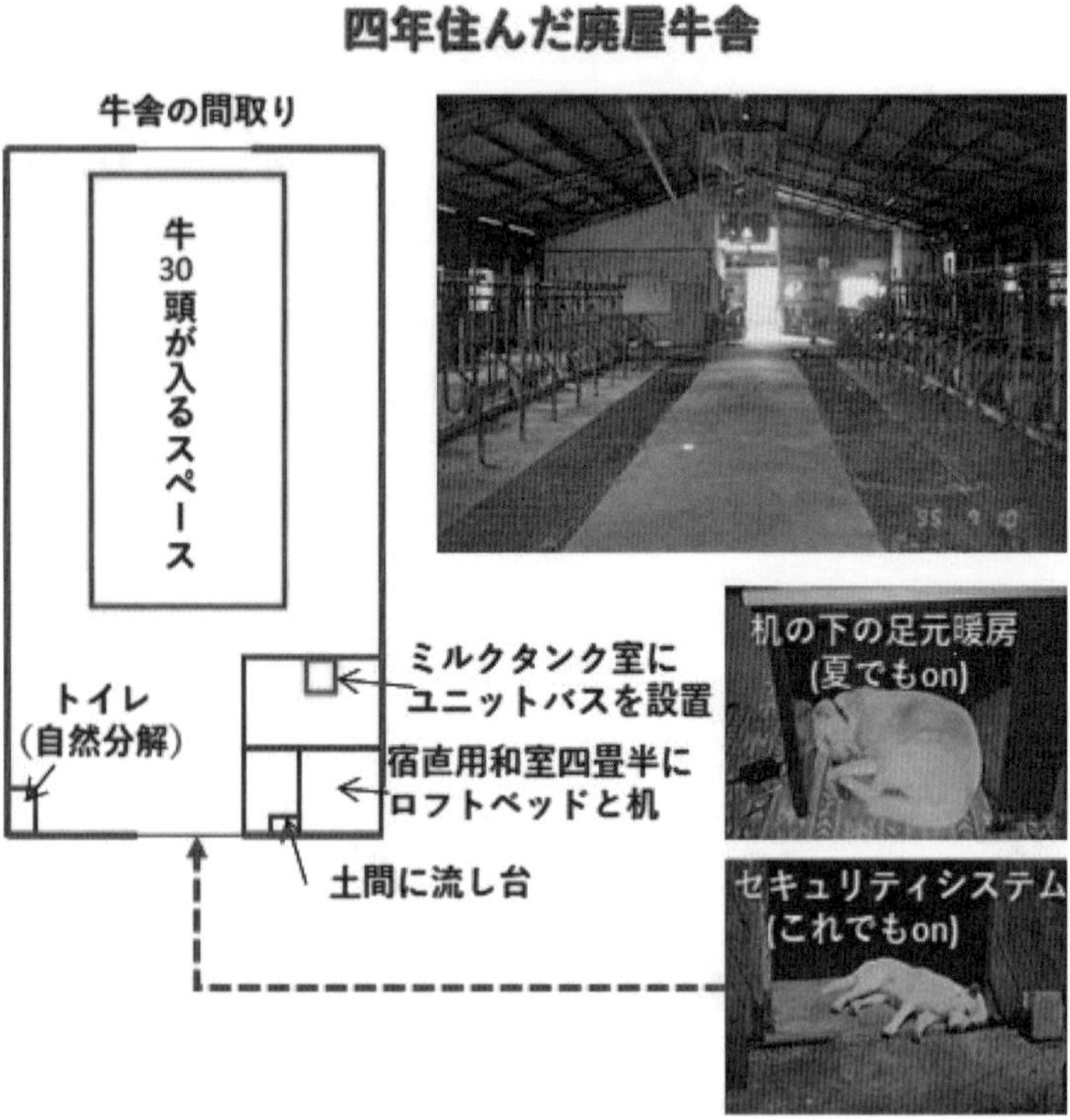

図 4–2　緑のたぬきのねぐら。

するタヌキのように、半年ほどその師匠の家で厄介になっとった。その間に、罠かけのコツや古くからあるアナグマの巣穴の場所、罠師としての後悔や矜持などを学んでおったそうじゃ。その後、廃屋となった牛舎にねぐらを移し（図4－2）、魔法の首輪（発信器）をつけたタヌキを夜な夜な追っかけたそうじゃ。もうその時点でタヌキに化かされておんなさったのだろう。緑のたぬきが追いかけたタヌキは、捕獲順と性別がわかるように葵・卜伝・小次郎・ダフネ・エコー・藤壺・ガイア・平次・一刀斎・次郎吉・

空鈍・ルナ・武蔵・信綱・織部乃介・ポセイドン・Q太郎・龍馬・周作・鉄舟・ウテナと名づけられたが、化けタヌキが揃っとったそうじゃ。たとえばじゃの……。

卜伝は追っ手をかわす名狸だそうな。緑のたぬきが、魔法の首輪から出る電波で丘の麓に居《お》る卜伝を追っかけとると、急に電波が弱くなり消えるのじゃ。初めは騙されていた緑のたぬきじゃったが、卜伝はそのとき丘の反対側にいるとわかった。しかし、なぜ電波が消えるのか。丘に谷はなく、尾根に登れば電波は入りやすくなるはず。この謎を明かすため、緑のたぬきは卜伝が少し離れたねぐらに居るときを見計らって、その丘の麓の藪に忍び込んだのじゃ。そこには大きな苔むしたコンクリートの会所があった。後先をあんまり考えない緑のたぬきは、暗いが降りられる深さだったので飛び降りよった。そこには無数のタヌキの足跡があった。それらは人が半屈みでやっと通れるくらいの隧道へ伸びておった(図4-3)。カマドウマも大勢で出迎えてくれたそうじゃ。暗いなかヘッドランプを照らしながら、そうさな一五、六間(約三〇メートル)ほどとろとろ進んだ先に明かりが見え、タヌキが登った跡のある、両拳が入るほどの隙間が開いておったのだと。師匠によると、昔そこに水を引くため丘を貫通する手掘りトンネルがあったそうな。半分ほど埋まってしまい、そこにタヌキかアナグマかが通り穴を開けたらしい。それから緑のたぬきは、電波が消えるとすぐに農道を迂回して卜伝を待ち伏せするようになったとさ。

一番の化けタヌキは一刀斎じゃろうか。不死でもあった。睦月二三日の夜のこと、師匠からの知らせで緑のたぬきが駆けつけると、車に撥《は》ねられた一刀斎が、血だまりの猫車のなかで浅い荒い息をしておった。あぁ、右目が完全に飛び出ておるわ……。亥の刻あたり、午後九時をとうに過ぎていたが、隣町

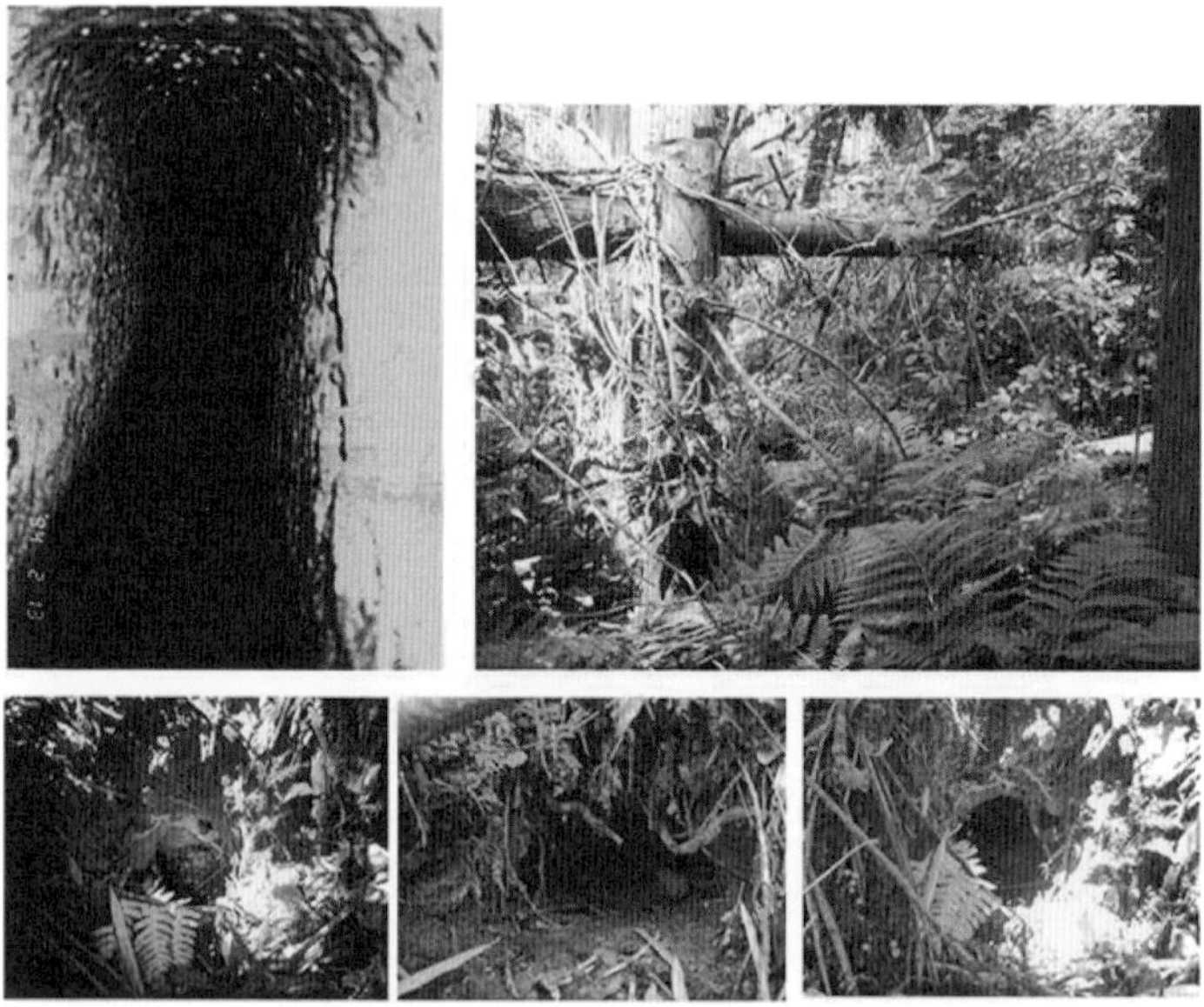

図 4–3　卜伝の隧道（左上）。このような崩落を防ぐための支保工がない横掘りのことを、奇しくも「狸掘り」と呼ぶ。現在は倒木の下に埋もれ（右上）、会所のあった周囲に巣穴の出入口が少なくとも三つ開いている（下３枚）。

の石井獣医さん宅へ運び入れられた彼の下顎骨と前歯も数本折れとった。止血剤を打たれ消毒をされた一刀斎は、その後はその「神通力」（別名、野生の力）に委ねられたのじゃ。寒い夜、石井先生に借りたイヌ用ケージに一刀斎は湯たんぽと入れられ、命を繋いでおったが、翌朝には死体のように冷たかったその四肢に体温が戻っておった。それからの回復はさすが化けタヌキじゃ。抗生剤を混ぜた流動食からチューブ食・缶詰ドッグフードを経て、緑のたぬきが捧げる冬に少ない昆虫やミミズや柿を平らげるようになったそうな。如月八日の最後の通院で、「もう大丈夫、あと数日で放せる」との石井先生の言葉を一刀斎も聞いておったのじゃろう。緑のたぬきはその翌朝に、空っぽのケージを見つめることになっとった（巻末エッセイ『傷狸の詩』参照）。

鉄舟は瀕死のなか、さまよっておった。そのころには、緑のたぬきが狸に化かされたか憑かれたかで追っかけをしていることは、町の人の知るところとなっておった。卯月初めに奇特な町民が別々に三人、昼間に足を引きずったタヌキを見かけると、緑のたぬきに知らせてくれたそうじゃ。まぁ、お仲間なんだから助けてやっとくれ、と。そゑに訪ねた緑のたぬきは、親切な童が三人「ここに入って行きよった」と指さしてくれた、その先のらかん槇の植わった畑で、手で捕まえたそうじゃ。石井先生のところに運ばれた鉄舟は、たった七〇〇匁《もんめ》（二・七キログラム）の体重（成獣の標準の約半分）で、歯茎が真っ白になるくらいの貧血じゃった。むごいことに右後ろ足の指は二本だけぶらぶらの状態で残って、肉球の根元の骨が露出して足全体が腫れ上がっておる。左顔面には、たぶんイヌに噛まれたような新しい傷もあったと（図4-4）。こりゃ、虎鋏《とらばさみ》かくくり罠に掛かって足先を失のうてからイヌに襲われたんじゃろう。昔話でもタヌキはよくイヌに噛み殺されるそうじゃから、よう生き延びたもんじ

図4-4　鉄舟。体重が増えてきたころ。

ゃ。それから緑のたぬきは、看病と食物採集にいそしんだそうじゃ。素手で捕まえられる生きものを片っ端から捧げる毎日を送っとったと。カエルやミミズやザリガニの幼体など、たくさんの命をいただいたそうじゃ。その甲斐あって、鉄舟は初めの八日で二一〇匁（八〇〇グラム）もの体重増加をやってのけ、足の傷の回復を待っておよそふた月ののちに、魔法の首輪をつけて放されたんだと。ある宵のことじゃ、緑のたぬきが狭い地道に車を止めておると、鉄舟の電波がだんだん近づいて来よったそうな。魔法の首輪にはアンテナがついとったが、それが車の下のシャーシかなんかにあたって「コン・カン・コン・コン」と鳴ったのじゃ。緑のたぬきには「あ・り・が・と」と聞こえたとか聞こえなかったとか。「生きていてくれてありがとう」とは緑のたぬきの思いじゃろうがな（巻末エッセイ『究極の片思い』参照）。

化けてみたョ！
a raccoon
留学生の アラ君に
アライグマと
アナグマだって？
シャレにならんぞ
おさななじみの
アナ ちゃん に

第5章　タヌキにまつわる諸問題——タヌキの実学

一般的に、ジェネラリストの中型食肉目は、大型肉食獣がヒトに駆逐された後、人為的に改変された景観にも適応し、種として繁栄することが多い。而《しか》して、そこにヒトとの軋轢が生じる局面が生じてしまう。種としての繁栄は、捕獲数の増加などに表れ、個体レベルでけっしてQOLが高いわけではない。これはヒトにもあてはまることだが。

1　ロードキル

ロードキル（roadkill）とは、動物が路上で殺されること、またはその死体のことで、即死のみが数えられる（図5－1）。普通、走行中の車による死亡を指す。ところが、「化かす」狸でも、汽車に化け警笛を鳴らす化け狸の話があるが、その結末に「線路上に轢死した狸（狢）がおった」で終わるものが多い。実際に汽車に轢かれたタヌキもいたのではと思わせる。大型獣のシカやクマなどと比べ、車両や

図 5–1　キツネのロードキル。（撮影：飯塚康雄）

運行に多大な影響がないのでめだたないが、列車に轢かれる数はけっこうあると思う。さすがに新幹線や特急に轢かれたタヌキは遅延もあり、いくつかニュースになっている（朝日新聞 一九九八、読売新聞 二〇〇七、神奈川新聞 二〇〇九、毎日新聞 二〇一〇、二〇一六、北海道新聞 二〇一六）。不運の極み、ポイント（線路の分岐器のレールが動く部分）に挟まって死亡したタヌキもいる（朝日新聞 一九九五、河北新報 二〇一四）。そして侮《あなど》るなかれ、タヌキは滑走路上の航空機にも轢かれるのだ（朝日新聞 一九九九、二〇〇二、時事通信 二〇一二）。夫婦《ペア》で同時に事故に遭うのも、悲しいかなタヌキならではだろう。図５－２は、一緒に罠に入ろうかとでもいうような仲良し夫婦である。二頭で道路を渡るのも日常茶飯事だと思われる。

タヌキの、そして多くの種のロードキルは交通量や道路延長が増えれば増える。また、道路は障壁《バリア》（barrier）としても存在する。移動を阻むことで地域個体群を孤立させ、やがて遺伝的流動を止め個体群の絶滅に繋がる。米国農務省森林局のサンドラ・ヤコブソン氏らは、野生生物の交通量に対する反応の差異にもとづき、「無反応型（Nonresponder）」「立ち止まり型（Pauser）」「駆け抜け型（Speeder）」「忌避型（Avoider）」の四タイプに分け、交通量に対する死亡率およびバリア効果をモデル化した。道路に対し忌避行動を取らない「無反応型」は哺乳類では見当たらないが、鳥類・爬虫類・両生類・昆虫類の種に見られる。「立ち止まり型」は交通量が相当多くならなければ横断を避けず、高い確率で輪禍に遭う。そして、死亡すればバリア効果も高いことになる。哺乳類ではオポッサム・アルマジロ・ハリネズミ・スカンク・ケナガワラルーなどが入る。「駆け抜け型」はボブキャット・ミュールシカ・プロングホーン・アカカンガルーなどで、交通量が少ない場合は合間を縫って横断し、多くなると横断を控える。「忌避型」では交通量がかなり少ない場合にのみ横断を試み、死亡率よりバリア効果の影響が大きい。ここにはハイイログマやヘラジカのほか、飛翔能力のある鳥類や昆虫類も入っている（Jacobson *et al.* 2016）。タヌキはこのなかで一番危険な「立ち止まり型」にあたる。鈍いのではなく、危険に対する防御行動の結果なのだ。このようなモデル化は、種や個体群に対してどこにどれくらいの横断施設やフェンスなどを設置するかなどの判断に役立ち、道路による悪影響への対策の効率的かつ総合的な計画・設計に繋がる。

図 5–2　箱罠を見回る（?）タヌキ夫婦《ペア》（撒き餌はしていない）。

私とデビッド・マクドナルド氏が日本のタヌキのロードキルについて分析したところ、高速道路の交通量とロードキルにはきわめて高い正の相関があり、国道・都道府県道・市町村道を含む全国のロードキル数は、狩猟・有害捕獲数をはるかに上回ることが推定された。また、解析のスケールを小さくしたインターチェンジ間の交通量ではやや負の相関になり、タヌキも交通量に対してある程度の忌避行為を示すことがわかった。タヌキのロードキルは、道路脇の植生では針葉樹林より広葉樹林が多く、道路形態としては切土で多い結果であったのは、下層植生や食べものの多い広葉樹林を選好し、尾根伝いに移動してきたタヌキが道路上に出てしまうことが背景にあると考えられる。そして、他の道路と交差する横断施設のアンダーパスやオーバーブリッジは、高速道路のロードキルを低減する機能はなかった(Saeki and Macdonald 2004)。それどころか、私と同僚らが茨城県の高速道路のロードキルを調査した結果では、アンダーパスはのり面の連続性を途切れさせることで、道路上に動物を誘導するホットスポット(ロードキル多発地点:hotspot)となりうることがわかった(図5-3A)。動物専用の横断カルバートなどを設置するのができないのなら、のり面を繋げることでこのようなホットスポットを減らすことができるだろう(図5-3B、佐伯ほか 二〇〇五)。その他、高速道路ののり面の現地調査で気づいたのは、遮音壁が途切れる場所がそれに沿って移動していた個体が道路に出る地点となっていたり、排水路が道路への進入箇所となっていたり、かなり細かい道路付属構造物がホットスポットを生み出していたことである。農研機構北海道農業研究センターの篠田優香氏らによると、一般国道におけるタヌキのロードキルでも、道路周辺の景観の複雑性がロードキル発生時期や頻度に影響を与え、道路や歩道の交差点などの微景観が横断を促していることもうかがえた(篠田ほか 二〇一二)。そして、やはりち

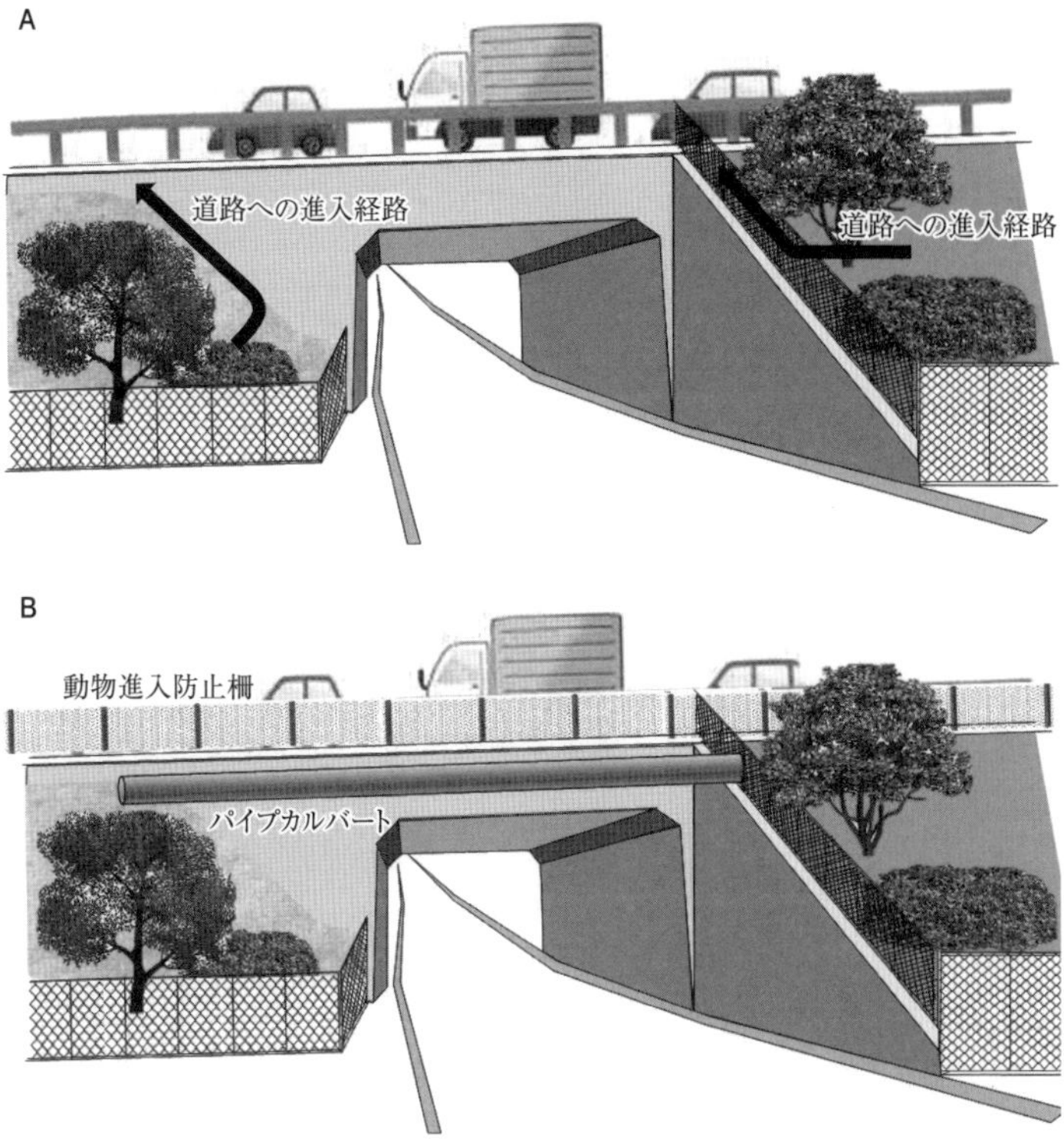

図 5–3　道路のアンダーパス付近（概略図）。A：無策の場合、のり面の動物は行き場を失い路上に出る確率が高い。B：パイプカルバートでのり面を繋ぐ。進入防止柵をセットで設置すると効率的だ。図にはないが、パイプカルバートの両端に誘導するための植栽などをする。（佐伯ほか 2005 を改変）

図5-4　国道408号の歩道についたタヌキの足跡。おそらく夫婦《ペア》で同じ方向に歩いている。

ゃんと踏査してみれば、ロードキルに数えられない、道路添いの藪や水路のなかの死体や白骨に出会うのである。図5－4のように、仲良く歩道を歩いていればよいのだが、彼らには道路の反対側に行く理由があり、そのときに車が疾走してくる魔の瞬間がありうるのだ。

　ロードキルの発生はだれも得をしない。カナダでヘラジカのロードキル現場を見たことがある。血だらけの巨大な肉塊が横たわり、車は全損、運転手は即死だったそうだ（足の長いヘラジカに衝突すると、その数百キログラムの体がそのままフロントガラスを突き破り、前席の人は圧死するという）。路上の死体を避けようとしての事故も起こっており、他の動物が食べに来るのも二次被害に遭う。ロードキルに関わる事故の責任を巡っては裁判にもなっている。しかし、その発生防止の責任は、道路管理者だけでなく、道路の使用者であるわれわれにもあると思う。

2　餌付け

動物への「餌付け」と聞いて多くの人の頭に浮かぶのは、庭先にドッグフードや残飯を置いて与えることかもしれない。動物がなにかを美味しそうに食べているのを見ると、とても幸せで安らかな気持ちになるものである。子猫が「ウマイ、ウマイ」、英語では〝yum-yum〟といいながら（聞こえながら）、一生懸命に食べる動画など、組手などをする前に絶対に見てはならないと実感している。しかし、動物に餌をやるという一見博愛的な行動は、じつはとても利己的な満足感を味わいたいものだったりする。印象的な記憶がある。ある都市公園で親子がパンを水鳥にあげていたが、幼児がパンを自分の口に入れたとたん、その親は「カビているからダメ」と止めた。餌をやる行為のみならず、教育上も哀れな言動である。また、住宅地や都市において条例で禁止が求められるほど、ハトやカラスや野良ネコなどに餌を与える人はつねに存在する。なぜ餌を与えるのか。ヒト側の社会的または精神（疾患）的問題かもしれないが、狂わされた生態系において死をもって贖《あがな》わされるのはいつも餌付けされた生きもののほうなのだ。もちろん、家畜などはヒトの責任で養わなければならない。どんな状況でも自由を奪った限り飢えさせるなど論外であるし、野良ネコ・野良イヌはその存在自体にヒトの責任がある。しかし、野生生物は違う。その本質的な存在価値（彼らにとっては権利といってもよい）は、気まぐれで与えられる餌では保たれず、自ら採食・生存・繁殖・死亡するという「進化する」自由だ。過剰な食物で個体数が急増したら？　しかも自分で食物がとれないようにされた動物たちが？　高密度や偏った栄養のせいで病気が蔓延《はびこ》ったら？　個人が取れる責任ではない。

餌付けは前述のような明確なものだけではない。それ以上に深刻なのは、意図しない餌付けだ。生ごみに始まり弁当やＢＢＱの残飯、釣った魚や駆除した鳥獣の死体（またはその一部）など、おおよそ食べられるものを野生生物の生息域に放置することも、間接的な餌付けになる（都会も、タヌキなど多くの野生生物にとって生息域である）。さらには農作物の残渣や放任果樹、無防備につくる農地なども、餌付けの現場といえる。このような餌付けは、因果関係や責任の所在が不透明のまま、ロードキルや農作物被害を助長させ、人畜共通を含む感染症や寄生虫の媒介機会を増やしていると考えられる。

3　農作物被害

私が国土交通省管轄の研究機関にいたころは、野生生物はダムなどの大規模公共工事や交通網などのインフラの「被害者」として研究した。タヌキが典型種（生息数や生息面積が大きく生態系で重要な機能的役割を持つ種＝「他地域にもいっぱいいるから、ここで住めなくなっても大丈夫」という解釈か？）として環境アセスメントでほぼ無視されているということに憤りはすれども、タヌキのロードキルが多いので個体数を減らそう、という議論にはならない。たとえ振りだけでも、野生生物に優しいインフラや工事を目指す。ただし、北米のシカなどでは間引き（culling）や移動（translocation）や避妊（contraception）などを含めたロードキル対策手法の費用便益分析がなされ、それらは広域には採用できないという研究もある（たとえば Huijser *et al.* 2009 など）。対して農林水産省管轄の研究機関にいると、野生生物は「加害者」としての存在になる。侵入し盗食するというのだ。一方、タヌキなどより困るのが、「頭の黒い鼠」が侵入し単価が高い農作物を盗んでいくことと、農家が訴えるのもよく聞く話である。これは野生生物と違い、法的責任を問えるはずだ。野生生物による農作物被害も、人為改変された土地利用における野生生物による行動の結果として起きてしまう軋轢であるのはロードキルと同じであろう。

農林水産省がまとめた農作物被害の全国統計数において、タヌキによる被害は概ね二〇一〇年度まではやや減少傾向で、その後ほとんど増減は見られず（図5－5A）、ハクビシンでは二〇一二年度ころまで増加し、その後やや減少する傾向である（図5－5B）。ハクビシンによる被害額が被害面積に対してタヌキより多いのは、より単価の高い果物を食べるからであろう。アナグマは全国統計に数字が表れない（くらい被害が少ない、または認知されていないのだろう）。アライグマによる被害は、二〇〇九年度以降に増加を示している（図5－5C）。タヌキ・ハクビシン・アライグマの獣類全体に占める割合は、二〇一九年度の被害金額において、それぞれ一・〇パーセント、二・九パーセント、三・二パーセントにすぎない。シカとイノシシの被害金額割合はそれぞれ四一・九パーセントと三六・五パーセントであり、獣害のほとんどがこの偶蹄目二種によるものといえる。だが、それでタヌキなどによる被害を無視してよいことにはならない。ちゃんと防除すれば、さらに減らすことができる。

タヌキはそのジェネラリストたる食性により、じつにさまざまな農作物を食べる。しかも、第1章で述べたように、登るにしても掘るにしてもある程度はでき、嚙み切る能力も馬鹿にできない。相当執着している場合に限られるであろうが、ちょっとした亀甲金網や防獣ネットなども嚙み切れる（図5－6）。しかも狭いところを通る能力に長けているので、開ける（広げる）穴はほんの小さくてよい。繰り返し述べるが、タヌキも執着しなければ、普通そこまではしない。その場所で文字どおり美味しい経験を何度もしたか、ほんとうにそこでしか食べものがとれないかである。キーポイントは、そのような

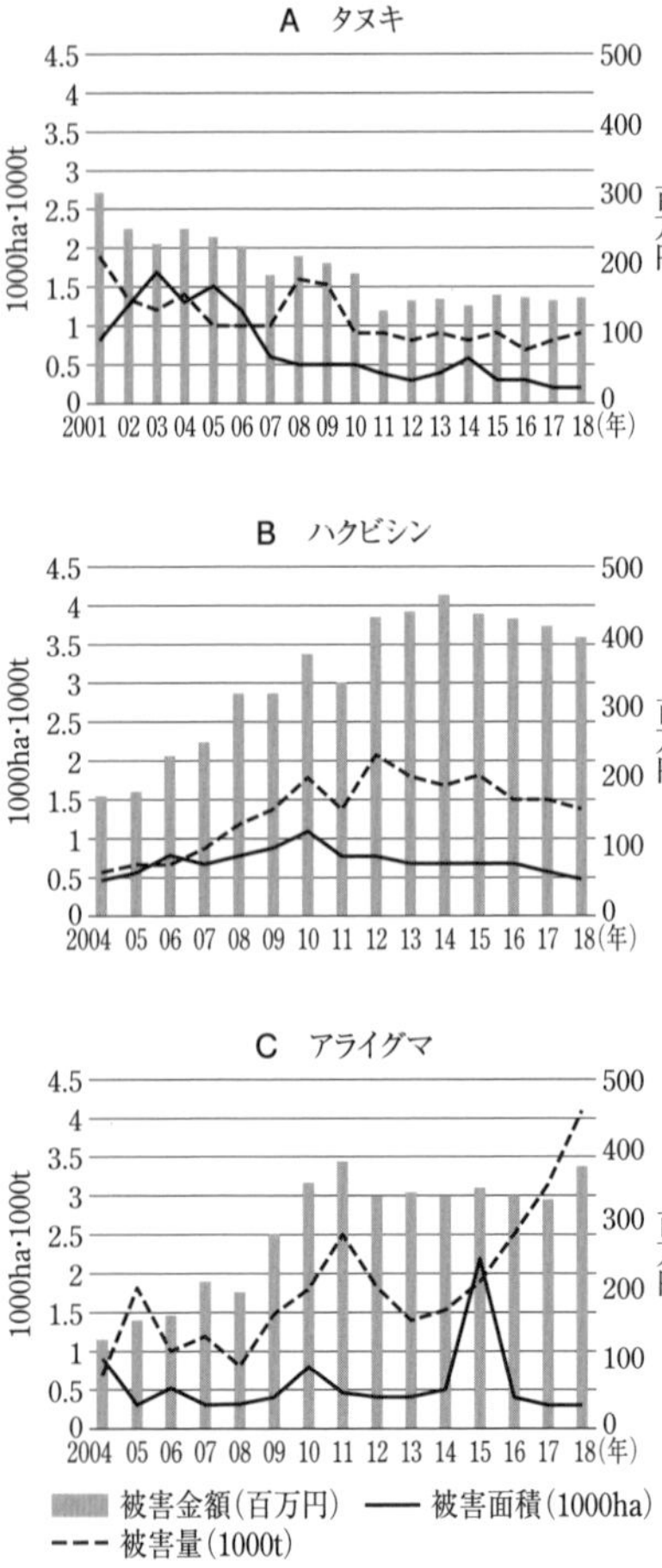

図 5–5　タヌキ（A）・ハクビシン（B）・アライグマ（C）による農作物被害の遷移。（農林水産省公表資料より作成）

執着が生じる前に、彼らに「登る・掘る・嚙み切る」気を起こさせない対策を施すことだ。

農研機構近畿中国四国農業研究センターの井上雅央氏は、田畑の獣害対策の基本は餌付けをやめることであるとし、柵も餌付けをやめる手段だと位置づける。「餌付け＝餌＋ひそみ場」の方程式の右（下）

図 5-6　タヌキによって穴を開けられた亀甲金網（40 mm）と防風ネット（上）および亀甲金網（20 mm）とアニマルネット（下）。亀甲金網について、口吻が入らない 20 mm は破られていない。（撮影：小坂井千夏）

側をとにかく潰していくのが農作物被害を減らすことに繋がるという。動物の視点で考え、既成概念に囚《とら》われない対策を実行することが成功の要であると説く（井上 二〇一四）。もちろん、個人レベル、集落レベル、市町村から都道府県と、スケールに対応した対策は必要かもしれないが、トップダウンの縦割り組織ではなく、人のネットワークを重視した行動をともなう防除作業が結果を生むのだということである。

野生生物に収穫直前に食害されるということは、その農作物が美味しい証かもしれない。しかし、同時にその農地は無防備な餌付け場になり、周辺の農作物被害および個体数をも増やし、被害対策に関わる資源および有害捕獲される野生生物の命までむだに費やすことになるというのは過言ではない。

4 外来生物対策

第3章で侵略的外来生物としてのウスリータヌキを例に、外来種の深刻かつ曖昧な立場や対策について述べたが、日本では食肉目に限るとマングースやアライグマおよびアメリカミンクが「特定外来生物」として反社的位置づけになっている。特定外来生物は、外来生物法（特定外来生物による生態系等に係る被害の防止に関する法律）に則り、防除実施計画が策定され、その根絶を目指し防除捕獲が実施される。

アライグマに見た目もニッチも近く、生息域も重なるタヌキ・アナグマ・ハクビシンは、アライグマ対策の犠牲者である。アライグマとの直接競合などより、アライグマを入れたヒトによる錯誤捕獲や確信的捕殺のほうが致死的だといえよう。まだ錯誤捕獲扱いで放されればよいが（図5－7）、なし崩し的に有害獣捕獲とされ殺される個体も多いと考えられる。しかも安楽死など考慮されているかは甚だ疑わしい。特定外来生物防除計画に則った外来生物の捕獲目的には、在来種の保護や生物多様性の保全はあっても、在来種の捕殺は入らないはずなのだが。

図5–7　アライグマ対策で錯誤捕獲されたタヌキ。毎朝チェックされる罠から放逐されたが、何時間入っていたのだろう。こちらを見る瞳が「なぜ？」と問いかけているよう。

図5－8は、特定外来生物指定のアライグマと中型食肉目三種の有害駆除数の遷移である。捕獲の名目は、二〇一五年度の統計より「有害鳥獣捕獲」から「鳥獣による生活環境、農林水産業又は生態系に係る被害の防止」に変更されたが（その前は有害鳥獣駆除だった）、やっていることに大差はない。農林水産省によると有害鳥獣捕獲とは、「鳥獣による生活環境、農林水産業、生態系にかかわる被害が生じている、あるいはその恐れがあり、原則として**各種の防除対策によっても被害が防止できないと認められたとき**、その防止、軽減を図るため」に行うものである（太字は筆者による）。前節で述べたように、タヌキやハクビシンの農作物被害は全国的には増えていない。しかし、タヌキ・ハクビシン・アナ

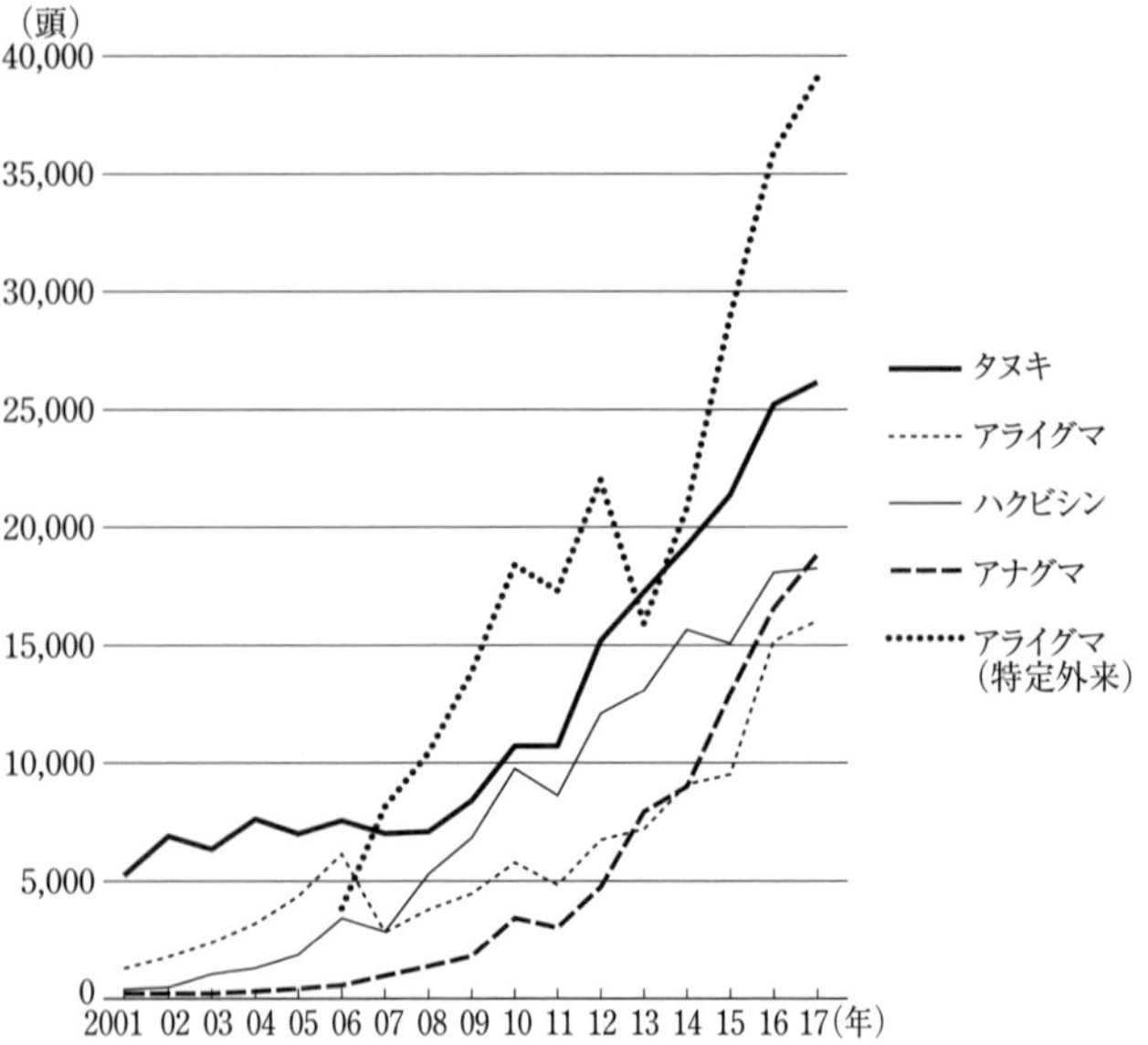

図 5–8　タヌキ・アライグマ・ハクビシン・アナグマの有害捕獲数の遷移。アライグマは2006年度より特定外来生物防除捕獲が始まる。
（環境省公表資料より作成）

グマの有害捕獲数はアライグマが特定外来生物に指定されてから急増する（図5－8）。私は都道府県におけるアライグマの有害捕獲数（二〇〇三～二〇一二年度）および防除捕獲数（二〇〇五～二〇一二年度）と、同期間のタヌキとアナグマの有害捕獲数の相関係数を算出してみた。そして、ほぼ一・〇の例が少なからずあることに驚いた。相関係数が〇・九九二六や〇・九九三九などという数字は、生態学のデータではなかなか御目にかかれない（佐伯二〇一五）。これを回帰分析するとすれば、アライグマと在来二種の捕獲数の、どちらが独立（説明）変数なのか。そこに外来生物防除捕獲および有害捕獲政策が、科学的でも倫理的でもないことの証拠がある。

外来種ではないが、昨今急増しているシカやイノシシの捕獲のためのくくり罠が、タヌキを含む中・大型哺乳類の足を切り取ってしまう、またはそれに絡まり死亡させる事態が多発している。NPO法人生物多様性研究所あーすわーむの福江佑子氏らによると、正確な捕獲情報がある長野県小諸市では、二〇一五〜二〇一八年度のシカとイノシシの有害捕獲における三〜五割が錯誤捕獲にあたり、そのほとんどがくくり罠によるものであった。しかもタヌキ、キツネ、アナグマ、テン、ノウサギの大半は殺処分された（福江ほか 二〇二〇）。捕獲情報すら不十分な市町村では、もはやなにが起きているかさえ藪のなかだ。データがあってこその科学である。

5　野生生物との距離

私は野生のヤブイヌに会ったことはないが、彼らが生き生きと生活できる自然環境が保たれることを切に願っている。別に会えなくてもいい。私と彼らとの距離は物理的に一万五〇〇〇キロメートル以上離れている。しかし、心理的距離は（心のなかにいるから）ゼロである。論文などでその生態を知れば知るほど愛着も湧く。告白すると、京都市動物園で走ったりこちらをチラ見したりする飼育個体（図5－9）は見た。それは「出会い」ではなく高揚感と少し罪悪感のあるのぞき見だった。タヌキとの物理的距離はもっと近いが、直接干渉しないところはヤブイヌと同じである。とはいえ同じ地域に暮らしているから、ヤブイヌに対してよりはなにかできるかもしれない。それがタヌキの出そうな道路で日没後に車のスピードを少し落とすことだけであっても。

目も耳もちっちゃくて
尾も足もみじかいね
でもカッコいい

図 5-9　ヤブイヌ *Speothos venaticus*。

われわれと野生生物との距離について、武道の「間合い」にヒントがあると思う。武道でいう理想的な間合いとは、自分からは近く、相手から遠い。物理的にはありえないことだが、バスケットボールのフリースローで、ゴールが近く見えるときは入るということがある。動く相手でも、近く見えるというのはよく見えているということだ。相手の動きの起点や気配を読んで反応できる。一方、相手はこちらを遠く感じているので攻めてはこない。現実はどうだろうか。われわれが無意識に餌付けてしまった野生生物にとっては、人間との距離感が近くなっている。しかし、人間側は、野生生物は山奥にいるもの、いるべきものとして遠く感じている。これは一番危険な状況である。餌付けや農作物被害の現場では、タヌキのほうから距離を縮めているように思いがちだ。でもそれは、彼らがその優れた適応能力により環境資源を効率よく利用したにすぎない。原因はわれわれがつくりだした。いいかえれば、彼らとの距離は人間側が決められる。

もっとマニアックな場面に言及すると、「斬り結ぶ太刀の下こそ地獄なれ、踏み込め行けばそこは極楽」という極意がある。いろいろな解釈ができると思うが、私は単純に間合いを潰して相手の攻撃を無効にすると解釈する。個人的な体験だが、空手の稽古で自分より大きな相手に向かうとき、恐怖感と手加減の間《はざま》で迷うことがある。どこまでやっていいのだろうと。そして、恐怖に打ち勝ち踏み込めば、おたがいにダメージがないことは確かにある。さらに、かみ合う組手、楽しい組手がある。相手（敵ではない）と理解しあい高めあえる瞬間があり、おたがいに心地よい間合いがそこにあるのだろう。もしかすると、野生生物のほうが常時生死を賭けている分上手《うわて》であり、進化上先輩である彼らは、われわれが成熟するのを待っているのかもしれない。

世間には野生生物を見て「かわいい」「こわい」「きたない」でしか表現できない人々がいる。しかし、野生生物はかわいがるペットでも絶滅させるべきペストでもない。そこから一歩踏み込み、なぜ「かわいい」「こわい」「きたない」のかを考えてほしい。なぜそう感じるのかには、なにかしらの理由があるはずである。納得できれば、そこには感動という「極楽」があるかもしれない。彼らの生きざまを知ると、きっとたがいに長続きする付き合い方、軋轢の少ない距離が見えてくる。

第6章　タヌキの幸せ、ヒトとの共存──タヌキの総合科学

スポーツ選手やアーティストなどのファンになるのに理由など要らなくて、そのパフォーマンスに魅了される。それでも、彼らの背景および生き方や考え方を知ることで、より身近に感じ、もっとファンになることがある。野生生物にも同じことがいえる。まず名前を知る。野生生物の場合は学名がわかれば、種として対象が同定できる。次に、われわれは視覚の生きものなので「ポートレート」も確認したい。さらに、なにを食べ、どこに住み、どんな生活なのかを知りたくなると思う。ここで、前章で少し触れたヤブイヌを例に、興味が理解に繋がり共感を深める過程をなぞってみたい。

1　なぜ基礎研究が必要なのか

ヤブイヌ（bush dog）の学名は *Speothos venaticus* である。その外見はというと、図5-9のように（本物はもっとカッコいいが）、目と耳は小さく、足と尾は短く、体の色は茶系のモノトーンで、タヌキ

のように肩にかけての黒毛やマスクもない。大きさはタヌキとそうは変わらないが、胴は長めでがっちりとしている。この渋い外見には行動生態上の適応が隠されている。彼らの生活に触れる前に、背景としてその系統と現状について述べると、一属一種三亜種で、単型であるのはタヌキと同じだが、近くの単系統群（ある共通祖先から派生したグループ：phyletic group）にタテガミオオカミ（maned wolf）がいる。ただ、同じ系統といってもその生態は真逆で、足の長さはイヌ科で両極端である。ヤブイヌが肉食系でタテガミオオカミは植物寄りの雑食系であるとは、この外見・名前が逆に思えるところもおもしろい。ヤブイヌの生息域はブラジル・ボリビア・ペルー・ベネズエラ・コロンビア・パラグアイなどの中南米である。IUCNは絶滅危惧の近危急種（Near Threatened）で個体数は減少傾向、CITESは付属書Iとしているが、人の目に触れることが少ないこの種の実態はわからないことが多いそうだ。

前述したタテガミオオカミとの社会行動の違いは、米国の著名な生物学者のデヴラ・クレイマン氏が飼育下の観察で対比させている（Kleiman 1972）。動物園での観察だけでこんな論文が書けてしまうのだ。デビッド・マクドナルド氏は、五〇〇平方メートルほどのエンクロージャーでヤブイヌのグループを三年近く観察し（Macdonald 1996）、ブラジルのサンパウロ大学生態学部のベアトリス・ベイジィゲル氏とセーザ・アデス氏は、野外で足跡を頼りに六〇〇〇時間ものフィールドワークをし（Beisiegel and Ades 2002）、米国ミズーリ大学生物学部門のカレン・デマッテオ氏らは、追跡犬を使って何百キロメートルも踏査して糞を集め（DeMatteo *et al.* 2014）、その他多くの研究者による想像を絶する努力の末、彼らの生きざまが少しずつ明らかになってきている。その社会性は興味深く、アルファ・メスだけが繁殖し、グループで狩猟し大型齧歯目のパカやカピバラなど、自分より大きな獲物をも仕留められるという。また、アルマジロの巣穴を使ったり、巣穴に戻って来るアルマジロを狩ったりもするらしい。その肉食性の結果、臼歯が少なくなった。メスが逆立ちして浴びるように排尿するなどおもしろい行動もある。指の間に膜があり、泳いだり潜ったり水辺を移動したりするのに適している。水難救助犬のニューファンドランド（Newfoundland dog）にも「水かき」があるのを思い出させてくれる。音声コミュニケーションのボキャブラリーが豊富で、イヌ科ではめずらしく夜行性ではないが、低密度で行動圏が大きく、人に見られることがほとんどないという。このように知れば知るほど不思議で、もっと知りたくなるのは私だけではないだろう。そして、生息地を農地などに奪われ、猟犬などからの感染症にさらされていることを知ると、長い時をかけて進化し適応してきた彼らが、これからも生き続けてほしいと願わずにはいられない。

ヤブイヌはその生態と生息地の状況から、広域の保護対策や生息地保全が強く求められている。そして、どこに住みなにを食べどう生きているのかを知ることは、確かに保護・保全の礎になる。研究者は「知りたい」から研究を始めるかもしれないが、種や生息地の保全の重要性を共感できる「観衆」を欲する。ほとんどすべての野生生物研究は、研究者自身のためにするものなので（違うというなら名乗り出てほしい）、せめて魅せられた者の使命として、野生生物や進化について人々の理解を求めたいものだ。一つの研究が疑問を生み、さらなる研究を促す。同じ種でも住むところや時期により行動や形態が異なるのはあたりまえだから、ネタは尽きない。系統や生態が近い種との比較や、捕食者や被捕食者や寄生生物や病原体など繋がっている生物にも研究は広がる。つねに新しい発見・解釈が見込まれ、新たな「エウレカ！」がある。私はヤブイヌだけ理解してとはいっていない。もちろんタヌキだけとも。横って欲しい。きっかけはタヌキでもヤブイヌでもなんでもいい。

（空間）の繋がりである生態系と縦（時間）の繋がりである進化について、少しでもおもしろいなと思ってほしい。きっかけはタヌキでもヤブイヌでもなんでもいい。

野生生物の魅力は、個であって個だけでなく、種であって種だけでなく、生態系における繋がりが個性でありレゾンデートル（存在意義：raison d'être）でもあり、進化がもたらす多様性などを包括的に、さりげなく体現しているところだと思う。過剰に捕獲され開発で住処を奪われる野生生物は年々増え、現実的に大きな問題である。しかし、絶滅危惧種だけ保全すればよいわけではない。むしろ生態系に大きく関わる「典型種」が、その繋がりの機能を担っている。数が多い少ないに限らず、すべての野生生物は貴重である。

私がタヌキの野外調査を始めたころは、「なにをやっているの？」という問いに「タヌキの研究です」と答えれば、少数意見として「タヌキ、飼ってるの？」「タヌキってかわいいね」「そら親が不憫だわ」などもあったが、「タヌキなんか研究してなんになるの？」とかよくいわれたものである。それらは、あくまで個人的な感想・価値観だったので、「野生生物」に対する自分との認識の違いを感じただけであった。だが今の日本では、研究機関や研究費を出す側が「なんになる？」「どう役立つ？」をまず問う。研究費を取るために流行りのキーワードなど入れたら受けがいいそうだ。これでは野生生物が問題を起こすか絶滅に瀕するか、あるいは即ヒトに役立つなにかがない限り、研究目的は見つけられない。私の経験では、北米や英国で「野生生物の研究をしている」といって、「それがなんになる？」などといわれたことがない。逆に少しの羨望・尊敬のまなざしになったくらいだ。研究すること自体に、意味があるのは自明だからだ。もちろん、研究目的は大切だ。そこは科学的な疑問・帰無仮説設定が基本で、応用の可能性は付随・派生するものである。ときにはずっと後に。平たくいえば、基礎研究が「科学」であり、応用研究が「技術」だ。「科学技術」が「技術」偏重になってしまい、「タヌキなんか研究してなんになる」に繋がると思う。「仮説＝結果」でやるのは科学的研究ではない。ティンバーゲンを持ち出すまでもない。結果ありきの研究もどきにだけ研究費を出していれば、科学はなくなるだろう。まぁ、私の場合、深遠な科学者の使命よりも、単純に「好き」→「知りたい」→「研究」→「もっと好き」→「もっと知りたい」の無限ループに嵌《はま》っただけかもしれない。ある意味幸せなループだ。

私はこの本の第1章のはじめに、タヌキについて「わかっていないことが多い」と書いた。その大きな原因に、タヌキの分布域が、野生生物を科学的に観察し記述する土壌がない文化圏だったことがあると思う。それが今も尾を引いている。一〇〇年前の生態学データがあたりまえにある英国はもとより、国としての歴史が日本よりずっと若い米国においても、独ソ不可侵条約が締結され、英・仏が独に宣戦布告した年に始まったアライグマの総括的生理・生態・管理研究プロジェクトを、ミシガン州保護局のフレデリック・スティワー氏がまとめている（Stuewer 1943）。また、タヌキについては旧ソ連における調査・研究（たとえば、Pavlinski 1937; Dol'bik 1952; Kozlov 1952; Obtemperanski 1953a, b; Sorokin 1956; Geller 1959; Ivanova 1959, 1962など多数）が、生息密度、生息地、食性、ねぐらと巣穴、成長、体重の年間変化、寄生虫、日周行動など多岐にわたる結果を残しているが、ほとんどが人為的移入後の生息域における研究で、在来の生息域での情報は数えるほどである（たとえば、Bannikov and Sergueev 1939）。そして、英語のタイトルやキーワードがなく拾えていない科学論文もあると思うが、アジアにおけるタヌキを含む野生生物の生態学研究は今も少ない。

「タヌキなんか研究してなんになる」の一番の問題は、野生生物に価値を認めていないことだと思う。だからその研究の価値も低くなる。今や野生生物の研究は「害虫・害鳥・害獣」を減らす術《すべ》を求める手段になってきたのだろうか。私にはなにを基準かは不明だが、野生生物は増えすぎれば減らしたいけれど絶滅だけは避けたいらしい。絶滅させてもいいと思う人もいるだろう。増えすぎたヒトが、シカが増えすぎたという。価値には、本質的な存在価値（intrinsic value）と外因的な価値（extrinsic value）があり、われわれにとって役立つという功利的価値は後者に含まれる。しかし明白な境界があるわけではなく、主観的価値観として（理屈抜きで）存在・生存してほしいというのも、外見が気に入り見るだけで心が和む（＝血圧が下がる・ストレスが軽減する）のも価値である。野生生物の存在が生物多様性や生態系の保全の基幹であるというのも、人類にとって功利的価値といえなくもない。だれに対してだれがサービスするのかわからない「生態系サービス（ecosystem service）」などという言葉はなんだか嫌いだし、なんでも貨幣価値や経済効果に変換するのもおかしな話だ。ただ、今の日本における一義的・一元的な経済の物差しでは、野生生物は経済的価値においてマイナスなのである。科学的基盤がないかららそういう視点に陥る。繋がりの科学である生態学は確かに難解であろう。だからといって、科学者までもが、易きに流れてよいわけがない。

個人が野生生物と科学を通して向きあい、理解し共感に至るのはままありうることだと思う。そこから共存を望み、野生生物に対し許容性を高め、なにかしらの行動に移ることも考えうる過程である。対して雑多な価値観や興味が混在する社会では、個々が科学から理解・共感に至るだけでなく、共通認識や合意形成を通じてなにかしらの活動まで達するのはなかなかハードルが高い（図6-1）。それでも

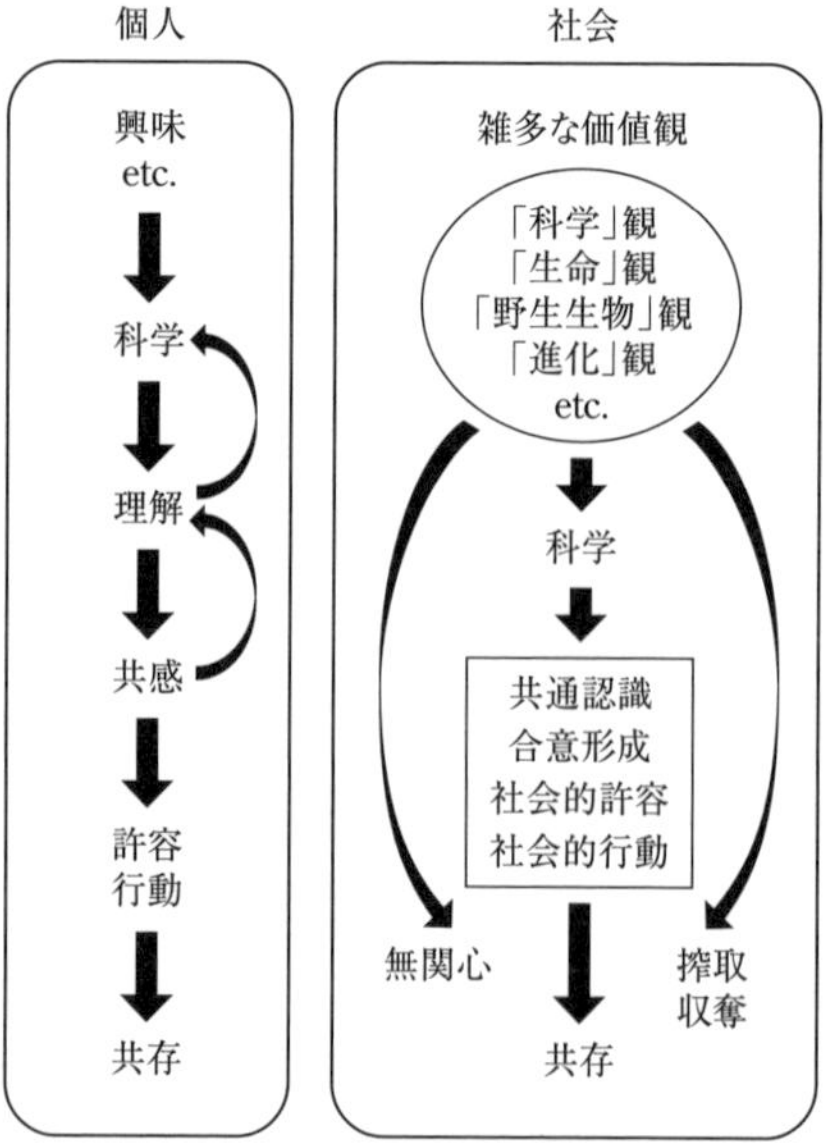

図 6–1　野生生物研究における科学の役割と意義。

個人レベルでは達しえない大きな力になることがあり、希望はあると思う。また、自然や野生生物をモチーフにした芸術の力は感動や共感を生みやすくし、生態系や野生生物の価値の向上にも繋がることがあるだろう。しかし、科学的知見から外れたものは、逆に偏ったメッセージになりかねない。理解と共感は大切であるが、事実と客観性にもとづかない情報を否定できるのも科学的知識と思考である。

2　ヒトと環境の包容力

野生生物関連のニュースでは、「出没」「わが物顔」「居座る」「占領」「狂暴」「大繁殖」などという語句がメディアの常套句として多用されていると感じる。そこに住んでいる（行動圏内）かもしれないのに「出没」、所有権を主張しているわけではないのに「わが物顔」、自己防衛行動を「狂暴」、子を産み育てれば「大繁殖」などといわれる。タヌキはまだ恵まれているかもしれない。同じように用水路に落ちた場合、タヌキには市民が梯子《はしご》を差し出し（タウンニュース厚木・愛川・清川版 二〇〇八）、イノシシは射殺される（毎日新聞 二〇〇九）。

私は今まで、輪禍に遭ったタヌキを何頭も、何人もの獣医さんに診てもらった。治療代は傷病鳥獣救護制度があり、払わずにすんでいた（一方で拾った子イヌ・子ネコには自腹を切ってきた）が、現在はイノシシやシカなどを筆頭に、タヌキを含め「害獣」はヒトの車に轢かれても救護の対象ではなくなった。この寛容のなさはなんなのか。野生生物への介入については、デビッド・マクドナルド氏が、研究室内の雑談として以下のようなことを述べたとき、納得した覚えがある。「介入問題はむずかしいが、交通事故で負傷している野生生物を助けるのは、捕食者から助けるのとは違う」と。生息地に道路を通すのは介入ではないのか。轢いておいて介入ではない？ それで助けるのは介入なのか。環境省はもっともらしく「野生鳥獣の救護目的は個体の保護ではなく、生物多様性の保全」などと説明しているが、そもそもランドスケープ・レベルの保全をやっていないからロードキルが多発するのだ。やっていないことのために、やっていたことをやめるのか。生物多様性には個体レベルも含まれる。

われわれヒトは、その生息域と個体数だけを考えても、あらゆるレベルで生物多様性に大きく関わっている。さらに、われわれが消費する資源量や収奪的な土地利用を鑑みると、個人レベルからグローバル・レベルまで、いかに生態系に影響をおよぼしているか自覚できるはずだ。*Homo sapiens* でヒトは賢いのだろう？ それにもかかわらず、ヒトは「生態系の保全」から自分たちの営みを切り離しているように思えてならない。増加したシカが森林を荒廃させるから大量捕獲が必要といいながら、森林開発は止めず反省もしないのである。今やその影響力にもとづくと、環境の包容力はヒトの許容性次第であ

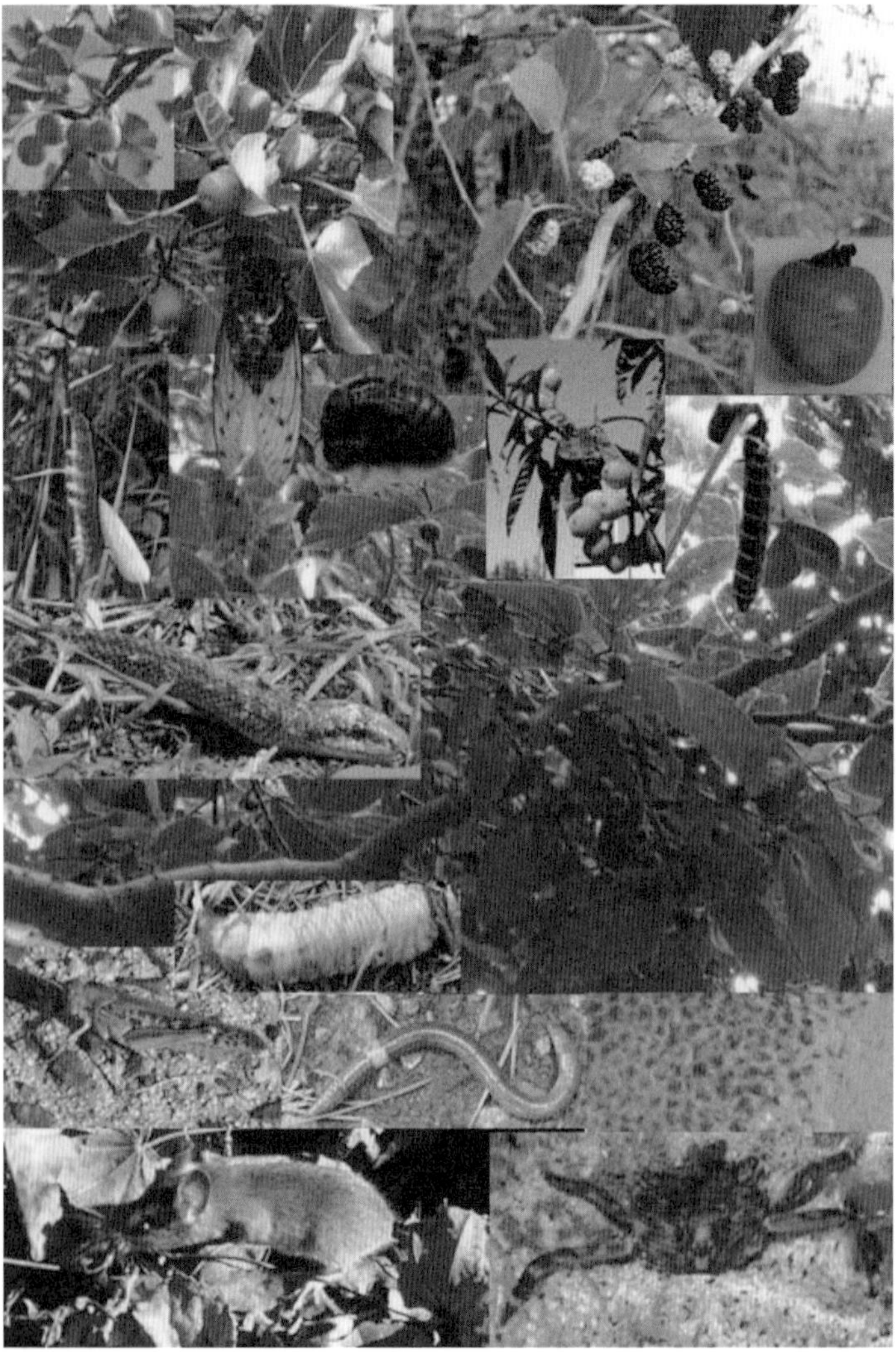

図 6–2A　四季折々の豊富なメニューのほんの一部。

図 6–2B　繁殖巣穴は、ねぐらに使うこともある。

ろう。この包容力は環境収容力（ある環境において環境が劣化せずに継続的に養える生物の最大量：carrying capacity）とは違う。一つのパイを分けあうのではない。ヒトがどれだけ循環の輪に溶け込めるか、どれだけこの醜く肥大した「個」を捨てられるのか。そんなときだからこそ、野生生物に学ぶことがある。

私は以前、怒りに任せてほんとうに拙いエッセイを書いた（巻末エッセイ『もしもタヌキに……』）。現在は少し丸くなって、もしもタヌキになってみたらなにがほしいか考えてみた。それが四季折々の食べものと、子を産み育てる巣穴と、安全に繋がるタヌキ道だと思った（図6-2、図6-3）。それらはとりもなおさず「生物多様性」と「ランドスケープの連続性」を意味することだと思い至り（図6-4）、タヌ

図 6–2C　タヌキ道。獣道《けものみち》の一種で頻繁に通ることによってつけられる道。タヌキだけが通るのではなく、ヤマドリやアナグマなど多くの鳥獣が使う。微地形や下層植生をうまく使い、ねぐらと採食場などを効率よく繋ぐ、歩きやすく見られにくいルートになる。人が歩く尾根筋も利用するが、少し下に並行してタヌキ道が続く場所もある。タヌキはもちろんタヌキ道以外も歩く。

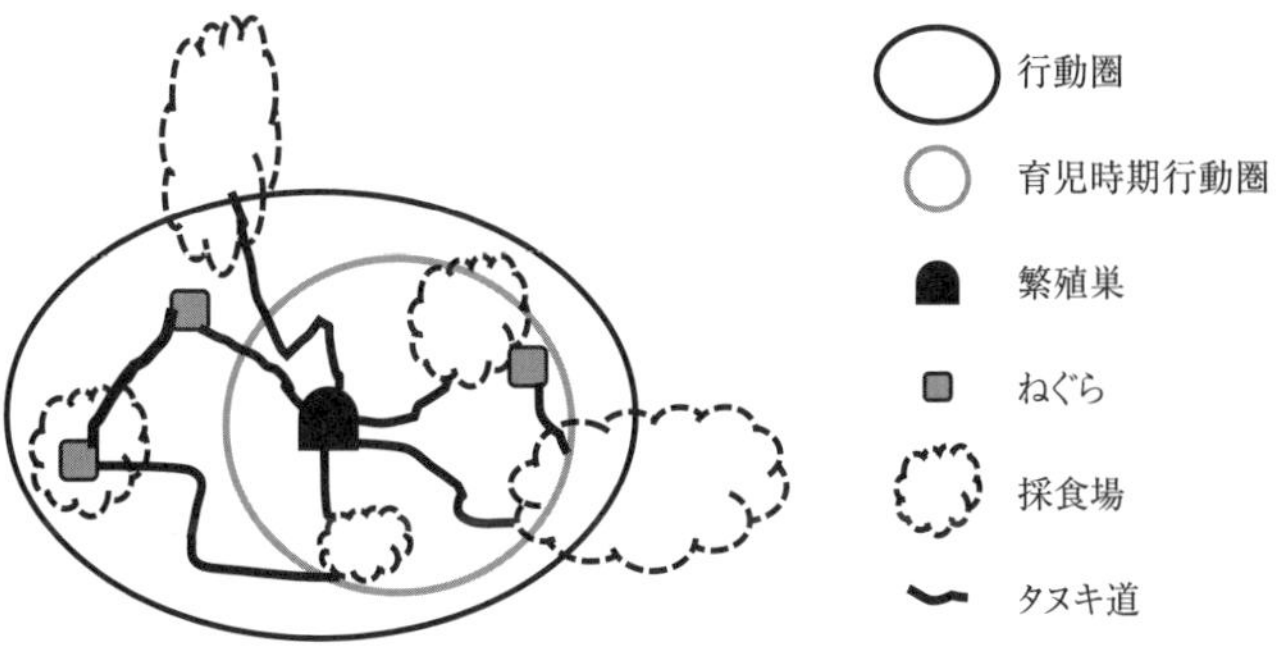

図 6–3　タヌキの一家族が必要とする環境要素のレイアウト。（Saeki 2001 を改変）

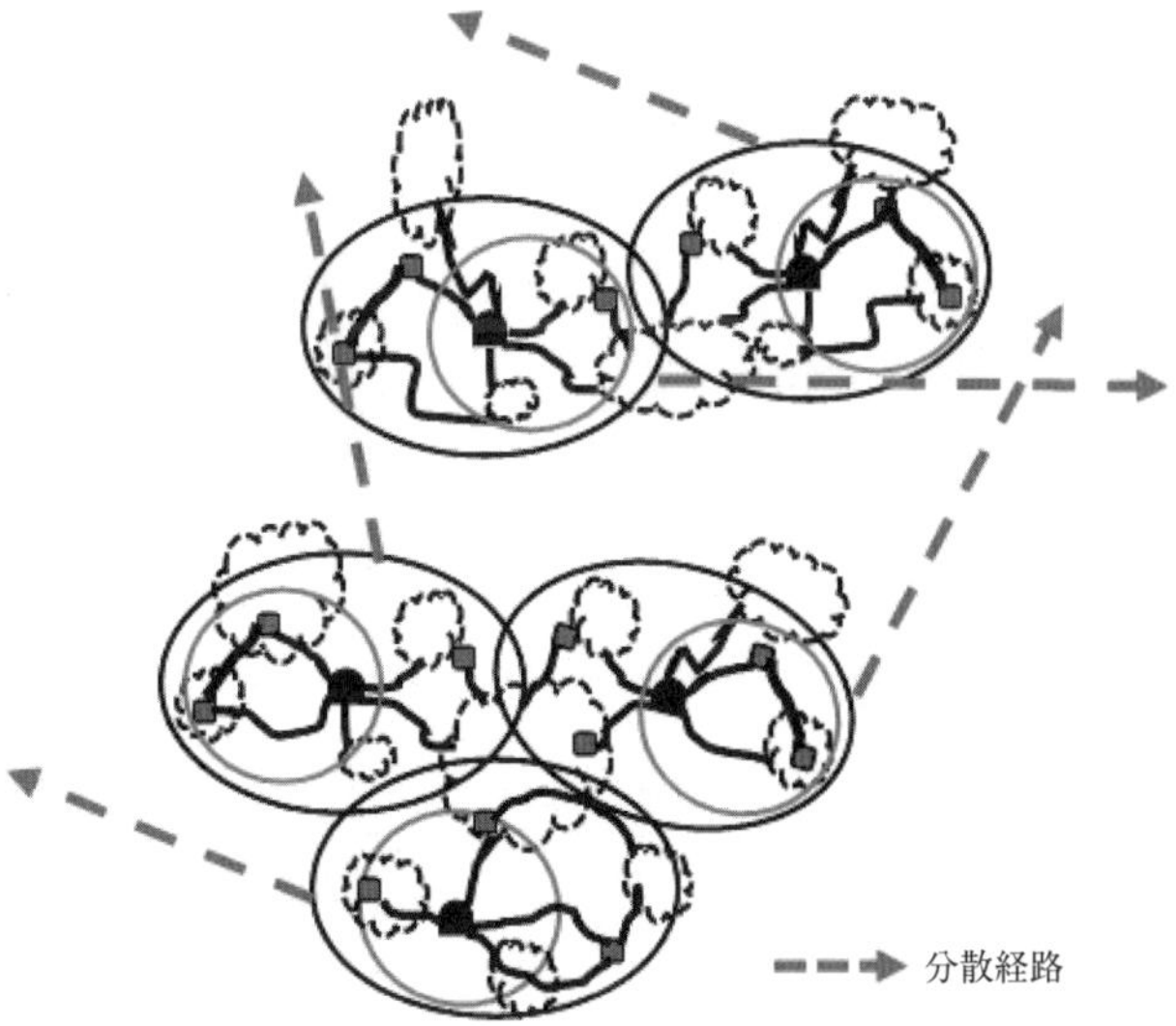

図 6–4　タヌキの地域個体群が必要とする景観要素のレイアウト。凡例は図 6-3 に準ずる。

キって謙虚であり贅沢だ、しかし、あたりまえのことだと感じた次第である。

タヌキはタヌキだけで幸せにはなれない。野生生物は一種だけ幸せにはなれない。ヒトは一種だけ幸せになろうとしているようだが、それもありえない。

フィーヨー
AOWOOGOO

小夜風にのりて牡鹿の
恋悲し

November
21st
20:52
rutting call

どちらも大事な感性だ

おわりに——謝辞に代えて

タヌキを研究することになったのは、野生生物について勉強したい思いだけで渡米したのが始まりかもしれない。後先を考えず猪突猛進する性格が功を奏し、ペンシルベニア州南西の田舎町にある州立大学（ペンシルベニア州立カリフォルニア大学）の生物環境学部に入学し、生まれて初めて猛勉強した。もちろん、日本で留学準備として英会話やＴＯＥＦＬ対策をしながら学費を貯め、母を安心させるため一年間禁酒も敢行したが、努力量において大学での勉強は自分にとって異次元だった。入学早々で英語での断り方がわからなかったばっかりに、「イヌより速い子がいる」と誤解され、スカウトされたクロスカントリー部に入部したのも、大学院でのリサーチ・アシスタントシップの獲得とフィールドワークを支える体づくりの元となった。一緒に走っていたのは、その町で唯一の日本人である好子・マーディック氏の愛犬コロンボ、走るより吠えるのが得意な短足のバセットハウンドだった……。二回生のときに、なし崩し的に（勝手に専攻を変更してまで）大学院進学に誘導してくれた指導教官のアラン・ミラー氏にも感謝している。

メイン大学での指導教官ダン・ハリソン氏は、「外国人で多少英語の不安もあるが、体力はありそうだ」というのがリサーチ・アシスタントに選んだ理由の一つだったと、何年もあとで冗談交じりに話してくれた。大学院ではシカとノウサギを研究したが、氷河に削られた急峻な景観における野外調査で、蚊柱の立つ夏も川さえ凍てつく冬もデータを取り続け、確かにランニングで培われた「心気体」は活かされ、さらに鍛えられた。同じ調査地のキツネとコヨーテの追跡を手伝ったりもして、フィールドワークの基礎を学べた。その後、アメリカテンの生態調査に加われたのも幸運だった。

なぜタヌキを千葉で追いかけることになったのかは、人との繫がり、つまり縁の結果といえると思う。修士を終えたあとには日本で食肉目を研究したいと頑なにいう私に、メイン大学野生生物学部のマック・ハンター氏が、オックスフォード大学動物学部で同じときに博士号を取得したデビッド・マクドナルド氏に相談してはと助言してくれ、食肉目研究者であるダンも、残ってほしいけれど応援するといってくれた。人材が潤沢な米国で野生生物の研究をするのは私でなくてよい、日本では必ず＋1になると信じ、私はまた後先考えず帰国を決めた。キツネの生態学研究の第一人者であるデビッドとのやり取りで、タヌキを研究することにした。帰国前に英国にひと夏滞在し、オックスフォード近郊のワイタムの森で、モリアカネズミやアナグマの野外調査を手伝った。たぶん、それがデビッドなりの私に対する試験だったのだろう。入学する前にWildCRU（Wild Conservation Research Unit）の一員となった。

帰国後、九州大学理学部生物学教室を訪問したり、コウノトリの郷公園へ故・池田啓氏を訪ねたり、各地を転々と回った。池田氏には、論文・著書を通してだけでなく、タヌキの調査についても具体的な助言や励ましをいただいた。そして、灯台下暗し、昔よく遊びに行った千葉市在住の伯母の口伝てで、茂原市近くでタヌキが獲れると知った私は、睦沢町へ辿り着いた。

寺崎地区の区長さんを探しに訪れた歓喜寺で、たまたま出会ったその日に「オレんとこに来い」といってくださった故・市原貞氏には、言葉でいい尽くせないほどお世話になった。半年以上もイヌ連れで厄介になり、保護タヌキの飼養スペースも提供してもらった。タヌキの罠かけポイントや鑑識並みにフィールドサインを読む術《すべ》をそれとなく伝授されたのは、今でもなによりの宝だ。その恩人「鉄骨屋」さんは、私が博士論文を書き上げる半年ほど前に急逝され、どれほど感謝しているかを伝えられなかった。

茂原市の石井獣医師には、何頭もタヌキの治療を無料でしてもらった。私が設置した罠の外から野犬に襲われて大けがを負ったタヌキには、「自分は牛のほうが専門だから」と、同じく獣医師をされている息子さんを呼び寄せて大手術をしていただいた。タヌキたちに代わってお礼を申し上げたい。

デビッドに「先進国日本に英国から奨学金は出ない。学費と研究費は自分で調達するしかない」といわれており、膨大な学費の目途がつかないままわずかな研究助成金を頼りに野外調査を始めた。その後幸いにも、年に日本人二人に与えられるオックスフォード・神戸・スカラシップを得ることができた。このスカラシップは学費と渡航費だけでなく毎月の生活費が出るので、オックスフォードより物価の安い睦沢では研究費にも回せた。私の生活イコール研究だったので、流用ではない（笑）。

このほか、さまざまな人に助けてもらった。土地利用図を提供してくださった睦沢町役場や企画展を主催してもらった睦沢町立民俗資料館の方々、タヌキクラブを一緒に設立・運営してくれた瀬川也寸子氏と福江祐子氏およびその会員の皆様、ロードキルなどの情報を寄せてくださった人々、フィールドワークを手伝いに来てくれた親友や子ども連れで遊びに来てくれた親友とその家族、似非ブリーダーによるイヌ虐待事件のときに助けてくれた多くの人たち、牛舎での宴会に参加してくれたたくさんの友人たち、五九頭分の「狸・たぬき・TANUKI」の書を贈ってくれた故・森井（藤原）敏恵氏、そして、書く機会を与えていただいた光明義文氏に、そのアドバイスと励ましでなんとか書き終えることができたことも合わせて、感謝する。

私は恵まれている。好きなことに努力できる環境にずっといる。好きなことのためには苦痛を厭《いと》わないほどに。

私は、この本が独りよがりで極論的な価値観を含んでいることを否定しない。大きな変化やときにはカタストロフィが進化を促すことも、滅びては再生する生態系の懐の深さも疑ってはいない。だからこそ、人（あるいはヒト）として品のある戦い方で生き抜いているかを自問する。なにが大切か愛おしいかは、科学的ではないように思われるかもしれないが、主体と客体そして論理を見失わなければ、冷静に評価できると思う。私がヒトの絶滅を思うとき、一抹の哀惜を持ちたいと思う。魂を込めて感謝したいのは、一期一会の命だから。

Special Thanks to（敬称略・アルファベット順）：Dan Harrison, Mac Hunter, 市原貞、池田啓、石井修治、Kaarina Kauhala, David Macdonald, Alan Miller, 森井（藤原）敏惠、Yoshiko Murdick.

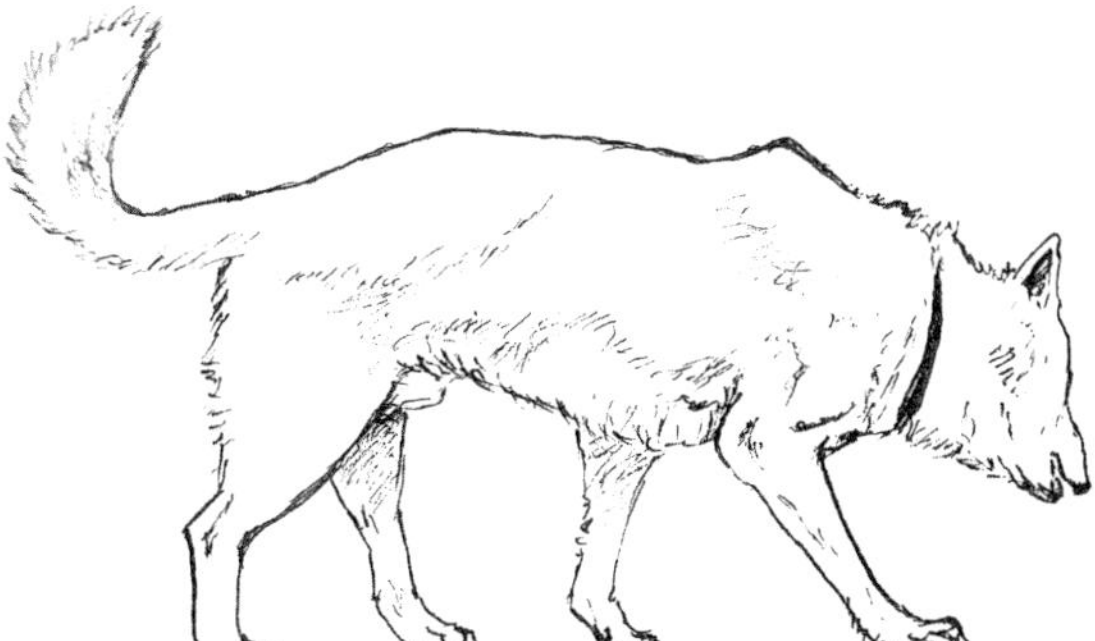

一緒に走るのが楽しかったね、時間の許す限り走っていられたね。ケン、お前はにおいが大切だから、急にストップ、嗅ぐのに夢中かと思ったらまたダッシュの繰り返しで、こっちとしては「散歩」とはいえないトレーニングだったよ。リードをピンと張らないのが私のルールだったのは知ってた？引っ張りも引っ張られもしないことを。

巻末エッセイ

ド根性狸追跡記

一九九六年一月六日。けがと衰弱のため飼育していたタヌキ二頭、ターチャンとオーチャンが脱走した。ターチャンは、去年の九月にかご罠に捕まったとき外からなにもの（おそらく野犬）かに襲われ、けっきょく右前肢切断となったタヌキで、けがはよくなったものの野生に戻すのをためらっていた。オーチャンは奇しくもターチャンと同じ日に捕まったのだが、二日後下痢と脱水症状だったのを再捕獲し、治療して体力の回復をはかっていたら冬になり、これもまたいつ野生に帰そうかと悩んでいたところだった。

当日二頭は、六〇センチメートル近くもある庭の池のコイを獲り、肝だけきれいに食べてトタンの壁を剝がして逃げた。私はタヌキの体力とコイ肝の効力とに感心しながらも、なにより彼らの「自由になりたい」「人間のもとにいたくない」という気持ちが応えた。ターチャンは念のため装着していた発信器の首輪も前日取ってしまっていたので、オーチャンしか位置がわからない。その朝は一五〇メートルほど離れた川岸のヨシなどが折り重なった下にいたのだが、私はあいにくバイトの日で翌日に探すことにした。飼育檻と庭をタヌキのために提供してくれていたおじさん（市原氏）も手伝うといってくださった。

タヌキたちは、庭に続く飼育檻の扉を開けてから一カ月以上も一歩も出なかったのが、正月に庭に出るようになり、それから一週間もしないうちに大脱走をやってのけた。この用心深さと大胆さ。タヌキたちと少し付き合えばわかることは、彼らが個々ユニークで、なにをやるかわからないということだ。研究するほど疑問が増える、これはソクラテスの「無知の知」さえ弄《もてあそ》ぶ自然の神秘か野生の気まぐれか……。思考・独創性なしのパターン練習が勉強だとされているような国の人にはなおさら野生の論理は理解できない。私は「また化かされちまった」と呟《つぶや》く。

オーチャンは北へ約八〇〇メートル行ったところの藪のなかにいた。二級河川の橋を渡り、用水路を辿ったものと思われる。国道128号線まであと三〇〇メートルもない。タヌキは食べもの探しの苦労だけでなく、自動車と野犬という天敵に身を曝す危険にも対処せねばならない。国道は致命的だ。私たちは捕獲を試みることにした。

いるところがわかっていても、素手で野生タヌキを捕まえるのはほとんど不可能だ。まして場所はタヌキの姿を隠し、ヒトが容易に踏み込めない藪。私は受信器とアンテナを駆使しオーチャンの位置を藪に入ったおじさんに知らせながら、オーチャンが外に出ないよう藪の外側を回る。オーチャンの歩く音だけがその存在を実体のあるものにしている。おじさんからオーチャンの位置の延長線上に移動する。六〇をとうに越えたおじさんの身のこなしは、その辺の若者より的確だ。ようやくオーチャンを目でとらえることができた。

オーチャンから三メートル離れたあたりの藪のなかでしばし作戦会議。タヌキは目を見ている限りはめったに動かないという。オーチャンの不安そうな濃い鳶色の目がこっちをうかがう。追い詰めたはよいが、これからどうしよう。私が「銛をつくって先に麻酔薬の注射器をつけて突く」という浅知恵を展開した。さっそくおじさんにその場を任せ、私の車までの一キロメートル弱を駆け通し、備品を手にして戻った。銛は発明協会々員であるおじさんにつくってもらい、私はオーチャンの横手に回り、お尻めがけ銛を突いた。一瞬オーチャンの毛が逆立ち、体がまんまるになった。が、針が曲がって失敗。薬は三分の一も入らなかった。二度目も失敗したところで、オーチャンはこりゃたまらんと逃げ出した。また藪のなかを右往左往。とうとうオーチャンは藪を出て、用水の側溝を走った。

大の大人が二人、側溝に沿って走り回る姿はさぞや奇異なものであろうが、当事者は真剣を通り越して殺気だっていた。やっとのことでタヌキを間に挟み間隔を狭めて行った先は、ちょうど農道が上を通る暗渠であった。それも緩やかにカーブして出口が見通せない。オーチャンはカーブのまんなかに座り込んでいて銛も届かない。おじさんに一方を板で塞いでもらい、もう一方から入ることにした。

暗渠の高さは六〇センチメートル以上あるが、幅は人一人がやっと通れるほどで、私は水の少し溜まった底を這うように進んだ。オーチャンの瞳がこっちを見るたび、暗闇のなかでオパールのように光る。私は皮手の上に鍋づかみをはめた「狸づかみ」を手にしている。これでも噛まれると痛いが、それほど血は出ない。そろそろと近づく。太腿と肘に水が染みてきた。あと一息。手がオーチャンの後ろ足に触れる。一瞬つかんだ。しかし、オーチャンは私の脇をすり抜けようとして向かってきた。辛うじてコンクリートの壁と脇腹でオーチャンを挟み止めた。しかし、左手を伸ばそうと体を捻った途端、このすばしっこいタヌキは出口を駆け抜けていた。暗渠のなかに残ったのは、お腹まで冷たい水の染みた泥まみれ人間と、タヌキの野生味溢れる強い臭いだった。

捕らぬ狸のなんとやら。私は気が逸れていく自分を感じた。しかしこのままにすることもできず、右往左往をまた繰り返したあげく、オーチャンは一番深い用水路をあっというまに五〇〇メートルほど、もと来た方向へ疾走して行った。この深さがオーチャンの仇となった。登れないのでまっすぐ行くしかない。先回りした私の姿にオーチャンは唯一の枝別れした用水路を辿った。そしてその突きあたりが直径一三センチメートルくらいの排水管で、一・五メートルほどのところで行き止まり。最近の灌漑工事でこの排水管は使われなくなっていた。私はここで「もういいじゃないか」と思った。体も回せない管のなか、オーチャンはどんな思いでいるのだろう。三時間以上も付き合ってくれたおじさんに謝りながら、「これ以上はかわいそう。国道から離れたし、これだけ元気ならなんとかやっていけるかもしれない」と無責任な打ちきり宣言。当座の食糧を排水管のそばに置いて去ることにした。

その日は大阪から両親が出てきて、千葉市の伯母の家で落ち合う約束があった。もう着替える気力もなく、伯母の家に電話を入れ、お風呂を沸かすよう頼んでから家を出た。前面だけ濡れた体を震わせながら五〇キロメートルを運転した。そして、伯母のところの三頭のトイ・プードルとともに玄関に迎えに出た母は、久しぶりに見る娘にいった。

「犬触りなや。犬が汚れる」

これには後日談も後々日談もある。オーチャンは、けっきょくおじさんによって高枝切りに布を巻きつけたもので引っ張り出され、その日のうちに庭に戻されていた。オーチャンは、数日後には庭の角にいる飼いイヌのイヌ小屋を昼間占領し、どうもイヌのご飯にまで手を出しているらしい。自分の体重の倍以上あるイヌに、どうやってこれほどえらそうにできるのか、追跡個体を何度も野犬に殺された私には理解不可能なことである。タヌキはかくも不思議な生きものなりや。オーチャンがもう一匹コイを水揚げしたあと、私は飼育檻に彼を戻した。それからしばらくしたある朝のこと、「タヌキが逃げそうになっている」との電話が近所の人から入り、あわてて行ってみると、飼育檻の最上段（地上一・五メートル）からオーチャンが体を半分以上乗り出していた。鉄筋の溶接が錆びて緩んだところを見逃さないのはさすがである。唸られながら「狸づかみ」でオーチャンを引っ張り戻した。私は毎日「春になったらね」と、彼に声をかけている。彼の春は近い。

『茨木の自然』24号（一九九六年）

傷狸の詩

一月二三日午後九時過ぎ。電話が鳴った。私が発信器をつけたタヌキが交通事故に遭ったらしい。その日はちょうど遅出のスケジュールで、午後一〇時過ぎから朝までのテレメの予定だったので家にいた。連絡をくださった市原氏の元へ駆けつける。タヌキは猫車で運ばれ、そのなかで浅く速い呼吸をしていた。一刀斎だった。右目が完全に飛び出している。四肢や腹は血でぐっしょりだ。一目見て、だめだと感じた。今まで何体か交通事故のタヌキの死体を解剖したことがあるが、それらに比べても無惨な姿だった。せめて楽にしてやりたいと、行きつけの獣医さんのところへ運び込んだ。私の車の後部プラスチックパンに血だまりが広がっていた。

「先生、だめだったら楽にしてやってください」私はうわごとのようにいい続けた。「一応、やることはやりましょう」と獣医さんは、止血剤などを打ち、鼻や口に溜まった血を洗い流したりしていた。下顎がまっぷたつに割れて、歯も数本折れていた。四肢にはまったく体温がない。その夜、私にできることは、湯たんぽとカイロで温めることだけだった。テレメをとりやめ、獣医さんに借りたケージのなかの一刀斎をそっと見たり、湯たんぽを替えたりして一夜が過ぎると、彼の脚には体温が戻り、呼吸は規則的に緩やかになっていた。

四、五時間おきに流動食を与えるのも、希望が湧けば楽しみになった。口を開けようとしても、顎が割れているので強くはできない。幸か不幸か前歯が折れているので、そこから注射器で少しずつ入れる。ちょっと舌を動かし自分から飲み込んでくれたとき、第一の「わーい」を感じた。次の「わーい」は、おしっこをしたとき。腎機能は大丈夫だ。その次の「わーい」は、チューブ食(ベティファ・三共)を五ミリメートルくらい、私の指から舐め取ってくれたとき。嗅覚も大丈夫だ。二日目の夜になると、指にのせたチューブ食を次から次へと平らげていく。気温が低いので、チューブの搾り出しが固くもどかしいくらいだ。四度目の「わーい」は、糞が出たとき。消化吸収器官も大丈夫のようだ。初めは細くカラカラだったが、すぐに普通の糞になった。いそいそと冷凍庫へしまう。右目は相変わらず突出したままで変色してきたが、三日目の夜、試しに置いた缶詰のドッグフードを立ち上がって食べ出した。「わーい」が「やったー」になった。一番心配だったのが脳へのダメージで、もしかしたら半身不随になるのではと思っていたからだ。四日目の昼のこと、ケージの掃除をするときに、まさか歩けないだろうと、一刀斎を外に出しダンボールや新聞紙を取り替えていると、彼はトコトコと走り出した。五メートルほど行ったところでタックルぎみに捕まえた際、右手中指を噛まれてしまった。そうだ、彼には以前、ノギスで犬歯長を測っているとき、急に麻酔が覚めて左親指を噛まれたことがある。今回噛まれたのはうれしかった。顎もくっついてきたのではないかと思い、指から血を滴らせながら、「やられたなぁ。へへへッ」と笑えてきた。

野生への復帰が可能なら、できるだけ自然のものを食べさせてやりたい。私は毎日一時間ほどミミズや昆虫を採ることを始めた。幸い、私が住んでいる牛舎のまわりの溝には、長年の堆積物で夏にはうじゃうじゃとミミズがいた。が、冬にはやはり少ない。鍬で掘り起こし、両手を泥だらけにして捜す。一握りのミミズに半時間はかかる。ハサミムシや甲虫やなにかの蛹や幼虫もぽつぽつといて、日に二、三匹ずつは食べさせてやれる。一刀斎は昼間でも鼻先を土まみれにしてミミズなどを食べてくれた。イヌがよく食べる草も三、四本置くとなくなっている。少し季節外れだが柿も食べる。

錠剤は半分に割りチューブ食を丸めて包み込むと食べてくれるが、カプセルは丸ごとでも中身を餌に混ぜても食べない。噛まれた実績（?）から、やっぱり指を口には入れにくい。しかし、抱き上げてもじっとしているので、点眼薬は入れやすい。治療中もおとなしく、私と獣医さんとは、注射一本にしても私の相棒犬ケン（紀州犬）のほうが暴れてたいへんだと同感した。私に保定されたケンが力を入れただけで注射針が曲がったこともある。ところで、相棒犬ケンは、普段牛舎に張ったワイヤーに滑車をつけて繋いでいるのだが、やはり牛舎の片隅にいる一刀斎を気にして、ときには吠えたりする。仕方がないのでケンを私の居室に入れておいた。ある日の午後、買いものなどすませ、他のタヌキの昼間のねぐらを確かめてから戻り、鮭茶漬けでも食べようと朝の残りの塩鮭一切れをガスレンジの上から取ろうとすると、ない！　そして、ケンのための水が空っぽになっている。夕方の散歩に加えフィールドワークに出る前、午後一〇時過ぎにたっぷりとおしっこをさせたのに、早朝帰宅した私にケンは緊急を訴え、すぐ外の郵便受けの支柱で長い長い間片足を上げていた。

天気がよい日には、一刀斎に首輪と紐《リード》をつけて外に出す。夜行性でも少し日光浴をしたほうが快復によいかと、ケージの掃除を兼ねて草の上に繋いだり歩かせたりする。一〇日目を過ぎるころには、よく走るようになった。首輪が外れそうになって、あわてて押さえることもしばしば。藪に逃げ込もうともする。目さえ塞がれば放せるのではないかと感じたそのころである。彼の「社会復帰」に少し不安もあるが、なんとか元に戻ってほしい。繁殖期の近づくのも気にはなっていた。

散歩の途中、草で擦れたのか目の飛び出た部分が取れてすっきりした。自分の片目が取れてしまうことを想像すれば、とてもすっきりなどと表現すべきではないだろうが。二月八日に獣医さんに連れて行ったときは、化膿止めを点眼し注射もしてもらい、もうすぐ放せそうだという感触を得た。「あと数日で大丈夫だろう」と獣医さんはおっしゃった。そして次の日の朝のこと、一刀斎はケージのなかからどろんと消えていた。まるで獣医さんと私の会話を理解していたかのように。ケージの下段の網の少し間隔が広いところから出たとしか考えられない。敷いていたダンボールがぼろぼろになり、包んでいた毛布が脱出を示していた。一番大きな網目は測ると六×八センチメートルだった。ダンボールで隠れているところだったので、私の油断もあった。でも、体重五・五キログラム、頭回り二六・五センチメートル、胸囲と胴回りが四〇センチメートルを超える一刀斎が、ケンのお古の首輪をつけたまま、私の掌より一回り小さいところをすり抜けたのだ。「傷狸の詩」（しょうりのうた）は、彼の「勝利の歌」で終わった。空っぽのケージは、しばらく私の心中でもあった。今はただ、彼の無事を祈るだけである。

ヒトは車社会をつくりだし、日本だけでも年間一万人もの（当時）死者を出し続ける。タヌキは、密度も総数もヒトより少なく、自動車の恩恵もまったく受けないけれど、車社会を根源とする死に至る実数も確率もはるかに高いといえよう。のろまだとかいってタヌキのせいに責任転換しないでほしい。タヌキがのろまなんて、一晩タヌキを追っかけてみれば嘘だとわかる。ヒトは確かにのろまだが。私は五キロメートルの丘越え駆けっこ（クロスカントリー・レース）で一九分一七秒の記録を持つが、タヌキはそんなもの屁とも思わないだろう（これ実感！）。

最後に、すぐに知らせてくださった市原夫妻と、なにからなにまでお世話をかけた獣医師の石井氏と、突然の電話にもいろいろ質問に答えてくださった文化庁の池田啓氏に心からお礼を申し上げる。そして、タヌキの一刀斎に「感服し尊敬しているよ。いろいろ教えてくれてありがとう。頑張って生きてほしい」と伝えたい（けどできない）。

『たぬき道』8号（一九九五年三月）

究極の片思い

今、私のところに一頭のタヌキがいる。タヌキの研究者のところにタヌキがいても不思議ではないが、里山で自由に生きる野生のタヌキを追求している者にとって、ケージのなかのタヌキは哀れで不自然である。このタヌキは、後ろ右足の先を半分以上失って、ほとんど歩けないくらいに衰弱していたのを、私に手で捕獲され、狭いケージに入れられた。彼は、傷の完治と体力の回復までの監禁という、こちらの思惑を知らない。

四月の初め、三人の方から別々にこのタヌキの情報をいただいた。足を引きずっていて、どこかおかしいという。一度は昼間に人家の裏庭で休む彼を目撃もしたし、その近くに干し柿や鯵の頭をどっさり撒いて箱罠を仕掛けてもみた。私としては、たぶん車に撥《は》ねられたのであろうが、なんとか人の手を借りずそのまま生きてほしい、動けるなら食べものには困らない時期だと、いささか楽観的であった。しかし、四月八日にほぼ同じ場所でふらふらのタヌキがいると通報があった。あわてて現場に駆けつけると、小学生が三人見張っていたらしく、「ここに入って行った」と指差してくれた。らかん槙が植わった畑を進むと、はたしてそこにうずくまる灰茶の物体。私の気配に逃げようとするが、小走りで追いつけた。皮手の上に鍋づかみをはめた特製「狸づかみ」で首を押さえつけ、麻袋に入れる。軽い。そして人間の手で捕獲されるほど衰弱しきっていた。

彼は、動物病院で治療されている間も気は確かで、私の保定する手にも力が入った。私は、野生生物の生命力と、それと相反するかのような命に対しての潔さとを幾度となく目の当たりにしているので、彼がわれわれ数人をなぎ倒して逃走しても、それともそこで息絶えても驚かないという心構えで臨んだ。

雨続きのせいか、脱水症状はそれほど見られなかったものの、歯茎が真っ白になるくらいの貧血と、たった二・七キログラムの体重（標準の約半分）。右後ろ足の指は、一本ぶらぶらの状態で残るのみで、肉球の根元の骨が露出していて、足全体が腫れ上がっており、しばらく時間が経っていたようである。

左顔面には、イヌに噛まれたような新しい傷もあった。獣医さんと私の所見では、トラバサミで足先を失ったあと、イヌに襲われたのではないか、という推測が成り立った。その日から、一日二度の投薬、点眼および消毒と、彼の辛い拘束下の生活が始まった。

タヌキの顔は、かわいい。野生の尊厳を有しながらもかわいい。見つめると、少し悲しそうでもある。フウーンン、グググと唸るのだけど、その唸り方にも悲哀がこもっているように聞こえる。濃い鳶色の瞳は、こちらへの怖れと憎しみが宿っているはずなのに、きれいに澄んで、人が見るには美しすぎる。ワタシハキミヲ、アイシテイルヨ。抱きしめることはおろか、触れることさえ叶わぬ君。消毒のためケージから彼を出すたび、「狸づかみ」の上から噛まれるのが相当痛い。手が出血、内出血、血豆だらけになる。もっと怒れ、もっと憎め。君を傷つけたのはわれわれだ。私だけでは償えないほどの罪があるから。

私は、民話などによくある動物の恩返しの話が大嫌いだ。ちょっと助けただけで見返りを期待する人間どもを増長させる。われわれ人間がやっていることを省みれば、生きとし生けるものすべてから呪われ祟られても文句はいえないのに、なにが恩返しだ。遊び半分の罠かけ、スポーツと称するハイテク駆使の狩猟や釣り。道路で生息地をずたずたにしたうえ、車での殺戮。川をコンクリートで窒息死させ、農薬や汚染物質の毒を撒き散らし、帰化動植物のみならず放し飼いや捨てイヌ・ネコで生態系を攪乱する。熱帯雨林の皆伐や地球温暖化を持ち出さないでも、毎日の生活のなかで、これらわれわれの愚挙が身近に存在するのがわかる。彼の苦しみと悲しみは私の怒りと戒めだ。加害者は、紛れもなく私のほうだけど。とても対等には愛しあえない立場である。

彼は、八日間で八〇〇グラムの体重増加を成し遂げ、体力は日に日に回復した。食欲は初日からあり、水もよく飲み、薬はバナナに埋め込んで与えることができる。キャットフード、ドッグフード、ペット用の肉なども与えるが、干し柿、ピーナッツ、カエル、オタマジャクシ、ザリガニの幼体、カマドウマ、アオオサムシ、ミミズなどの自然食と、変わったところでは梅酒に入っている梅の実（すこし乾燥させてアルコール分は抜いてある）。自分には高価すぎて買わない一本二〇〇円の今ごろの真空パックのスイート・コーンも芯を残してうまく食べる。イチゴは食べなかった。また、すこしでもストレス解消になるかと、飼いイヌ用のデンタボーンやイヌガムを与えると、中型犬用が一晩でほぼなくなる。〝キシリトール入り〟と書いてあるのが、噛まれる身からはなにかおかしい（＊現在、キシリトールがイヌに中毒症状を起こすことがわかっている）。噛まれるたび、力がついてきたのを実感する。食器にプラスチック容器を使うとすぐにずたずたになってしまうので、お茶の缶の蓋などを使う。とくに夜はガチャガチャ、ゴソゴソ、バリバリと、さかんに暴れている。逆に昼間は熟睡していて、私が近づくのにも気づかず、投薬のためのバナナをケージに入れると、ビクッとして起きたりする。

このように体力は順調に回復しつつあるようであるが、足の傷は相変わらず、いつもじゅくじゅくと露出した骨のまわりが濡れていて、ケージの清掃中に暴れては出血する。消毒は、彼の精神的苦痛をわずかでも減らすために、押さえつけて塗るより、足の位置を見計らってケージの外からイソジン消毒薬を垂らしたり、硫酸フラジオマイシンの粉を散布したりすることにした。しかし、糞尿の清掃のため、ケージの床の水洗いを日に一度するのは仕方がない。日光浴を兼ねてケージを屋外に置くと、前足で外の草をかく仕種をしたりして、網目から鼻を突き出し、出たそうにもがく。それを見ているのはけっこう辛い。

毎晩の彼の食事も、私の悩みの種である。幸い、私は調査地に「通い」ではなく「住み込み」で働いているので、他のタヌキのテレメトリー（動物に装着した発信器からの電波を受信して位置などを推定する方法）をしていても、車を飛ばせば五分あまりで帰宅できる。午後六時ごろ一回目の食事を置いて出かけ、午後一一時台に一度帰って、彼に二回目の食事を提供できる。早朝帰宅後にもなにか置く。夜行性のタヌキにカエルなどの生餌を与えるには、やはり夜がいい。自然の夜行性を崩したくもないし。

しかし、このカエル獲りには私のなかで少なからず葛藤があった。タヌキの命、カエルの命、ヒトの命。動物は他の生命を消費して生き延びる。私は素手でカエル獲りをする。そのこころは、「私に捕まるのは自然淘汰の類だと思っておくれ。タヌキは私よりはるかに俊敏で、むだなく食べてくれる。そして、カエルは確かに多く生息する」。手のなかで動くカエルを食べるということに、魚の切り身やミンチ肉を食べるということを重ねあわせるのは不遜であろう。生きているものを食べるのが本来であったはずだ。命を食べなくなってから、人間はかえって傲慢で無感覚になってしまったのではないか。命と命。自らの手で殺さなくなって、または殺すことが職業的になって、人間はますます命をむだづかいする。「必要なだけ」というのは、資本主義社会でも共産主義社会でも実現されない。本来は、「必要なだけ、循環する」べきなのだろう。タヌキから学ぶことはたくさんあるが、こうして、彼からいつまでも循環性、すなわち自然界への直接参加を奪うわけにはいかない。一日も早く、彼が本来の生活に戻ることを願う……。

研究者として、私は彼を野に放つとき発信器をつけるだろう。近ごろよく思うのだが、はたして私の研究が、彼ら野生のタヌキのすこしでも役に立つことがあるのだろうか、と。研究目的には、もっともらしく「ヒトとタヌキの健全な関係を模索し、保護や諸問題の解決および予防に応用する」などと記しても、河川改修や道路舗装工事一つ止められないし、交通事故一つ防げない。これまで捕獲して発信器をつけた二十数頭のタヌキたちに、直接迷惑をかけただけではないかとすごく不安になる。タヌキは、私の研究の主題である前に主体である。基礎研究が保護の基盤となることは、十分承知しているが、研究をどれだけどう活かせるかというのは、また別問題である。研究目的を決め、仮説を立て、研究方法を選び、データを収集し、そのデータを分析し、結論をまとめ、発表し、それからどうするべきだろうか。データ収集と分析のためのデータ・インプットにあくせくしている段階の自分が、タヌキのためになにかできるかなんて考えるのがおこがましいのであろうか。私は自然保護活動家としての道を選ばなかった。政治家にも環境教育者にも革命家にもなれない。ただ生命に関する理念と生きものに対する愛情にもとづいた研究活動をやりたいという、大きな夢を持っただけである。

愛するものが、大切なものが、傷つけられ失われていく。報われぬこの想い。行き場のない愛情とやり場のない無力感。私は、理想主義であるがゆえ、狸想主義かもしれない。大いなる諦観の上にのみ成り立つこの大いなる理想なのか。諦観が大きければ大きいほど、より大きな理想が保ちうるのかもしれない。その間になにかを挟めば嘘になる。諦観と理想を礎にして、私は未来を思う。できなくてもいいから、やってみよう。自らを汚染源として恥じて自殺しても、なんら変わることはないほど矮小・微弱な私なのだから。せめて、この片思いを成就・完遂させよう。自分の生涯《じかん》のなかだけでも。

今日の午後、彼を動物病院に再度連れて行った。軽く麻酔をかけ、十分に傷を消毒してもらった。傷の肉の盛り上がり方から、獣医さんは、あと二週間くらいで放せるのではないかとおっしゃった。タヌキにとっての二週間は長い。トーマス・マンの『魔の山』か、スタンダールの『赤と黒』でも読んでくれともいえないし（デュマの『モンテ・クリスト伯』がふさわしいかも⁉）。しっかり体力を貯えて、人間の身勝手さ、恐ろしさを見極めておくれよ。

もし、私の片思いが幾ばくかでも報われるとしたら、彼がこの先野生生物として生きていてくれることだけだろう。そして、私の愛情は、これからも研究生活を通して苦しむことでしか表現できないのかもしれない。

『動物文学誌』第25号（一九九九年）

もしもタヌキに……

これは書いても仕方ない、また書き切れない心の内を精一杯柔らかく抑え、酔っ払ったときに口にしたことや、憤慨の最中思わず口走ったことも再考し、読者や本人がヒトであることは無視し、もしもタヌキにでもなれたらいってみたいことを描くなぞった。読まんでもええよ。

ここでまずいっておきたいことは、私が生きものとして、また人間として情緒や感受性を持っているということである。私が人を愛せないことや信じられないことで、異端視されたり無視されたりするのには慣れているが、命に対する思いはわかってほしい。生きものとしての *Homo* spp.（ヒト）に共感は持っているし、年間平均一〇〇冊は越す読書量からも人間性は嫌いではないと思っている。

だけども、私は辛い。ヒトでいることが。他（他の生きもの）に迷惑かけるなら、いっそあっさり潔く絶滅してしまえ。ヒトがそんなに偉いのか。私は恥ずかしい。ヒトであることが。われらがそんなに偉いのか。もしもタヌキになれたなら……！

『傲慢。驕慢。実力なし。ダンプに乗った優兄ちゃんみたく、己は弱いくせに、錯覚の奢りに満ちて、他をけ散らして進み行く。ヒトはそんなに横暴で格好悪いのか。

無知。厚顔。無恥。生体を乗っ取った癌細胞みたく、全体どころか己の未来も顧みず、開発の奢りに満ちて、他をけ散らして進み行く。ヒトはこれほど無謀なのか。

たかが数百年、数千年の遺跡を守るのには躍起となって、数千万年、何億年、何十億年という進化の歴史を育んだ biota には目もくれない。ヒトがそんなに凄いのか。凄かったとしてもなにのおかげ?

自分がかわいい。家族がかわいい。民族がかわいい。国がかわいい。人種がかわいい。人類がかわいい。……そこで止まるなよ。大事なのはなんなのだ。Selfish gene のなせる技だと利いたふうな口利くな。それならば甘やかされたペットよりも野生の *Pan* spp.（チンパンジー）を大切にしろ。

ヒトの情報伝達能力を、すべてプラスとは思えない。まずは創造力が希釈され、受け売りが幅を利かせ、そして情報を受けることのみで時を過ごす人が多くなり、創造力どころか普段の判断力さえ低下していく。ヒトはやはりアホだったのか。

自然界の弱肉強食を酷いと批判し、だれかに殺してもらった加工品を食べるくせに、珍品稀少品だと目の色変えて追いかけるグルメまでいる。空腹感より値段のほうが味覚を支配する輩どもも。「自然の恵み」と口先だけの破廉恥さ。

おお君ら、柔ビトよ。Wimp よ。*Homo sapiens ignorantus* よ。金かロープウエイ・リフトを使わなければ登れない山など登れなくてもいいじゃないか。殴る痛みも殴られる痛みも知らない奴らが、引金を簡単に引く。他力本願に気づかず克服や実力と錯覚する浅はかさ。もっと考えろ。ヒトはそんなに弱いのか。それでいいのか。

物。物。物。物質文明にはついて行けない。経済効率のみ追っかけた開発や、本質や真実とかけ離れた流行は虚しくないか。開発の名のもとに、環境整備の名のもとに、経済政策の名のもとに、大国の奢りのもとに、取り返しのつかない過ちを犯し続ける。利潤を追い虚栄心を満たし低俗に走り自己保身を企てても勝手だが、他の犠牲を強いるなよ。ヒトの個々の欲望の蓄積が、終結が、地球全体の苦しみを偏らせる。ヒトが、文明人がそんなに無能でいいのか。

生きるがため、食うがため、家族を養うため、都合のいいときは生物を名乗り、しかし自分たちは人であり特別だから他の生物を搾取して「文化的な」生活を営むのはあたりまえだと。そう思うのかい？そんなにヒトが立派で素晴らしい存在ならば、なぜ他の生きものをけ散らしてのほほんとできるのか。「思いやる」想像力もないくせに威張るなよ。

ヒトである君らの日々の生活が、どれほど空気と水と土壌と生きものの汚染に直結し、他の生命や生活を犠牲にしているのか、わたしは知らない。万物の霊長様は知ってるのかい？

ヒトが、人が、君らが、そんなに偉いのか。それだけアホなのか。

もっと考えてほしい。ヒトが誇るのは、跳躍力でも聴覚でも嗅覚でもなく、考えることだったはず。

それがたかが知れているから恐ろしい。それに気づけよな。「人は一人では生きていけない」とおっしゃるか。聞き飽きたよ。搾取・収奪しか頭にない君らがわかっていっているのか。他の生物が、すべてを包み込む環境が、君らを生かしてくれる。ヒトは一種（ひとり）では生きていけない。』

私は辛いし恥ずかしい。ヒトであることが。他に迷惑かけるなら、いっそあっさり潔く絶滅してしまえ。ヒトがどれほど偉いのか。

自惚れるな、自重せよ、謙虚になれ。ヒトが、われらがそんなに偉いのか。再考せよ。もしくは *Homo sapiens ignorantus* だけ絶滅してしまえ。

註：*Homo sapiens ignorantus* とは佐伯による造語で、文化や知恵が退化してきた *Homo sapiens* の亜種。*Homo sapiens sapiens* は絶滅に瀕している。自分を *sapiens*「賢い」と呼ぶ思い上がりの *ignorance*「無知さ」加減による分類で、系統進化より社会進化にもとづく。

『たぬき道』10号（一九九五年九月）

下段十字受けは、前屈立ちで重心を落とし相手の蹴りなど強い攻撃を両腕で防御する技。受け技は、ときには攻撃にもなる。
＊前屈立ちは踵をつけるが、タヌキは趾行性。

引用・参考文献

阿部みき子．1983．ホンドタヌキおよびホンドキツネの脊柱と胸郭．哺乳動物学雑誌 9: 314-321.

ACTAsia. 2019. China's fur trade and its position in the global fur industry. Available: https://www.actasia.org/wp-content/uploads/2019/10/China-Fur-Report-7.4-DIGITAL-2.pdf

赤塚盛彦．1995．酒買い狸の誕生——狸・たぬきの雑学．エピック，兵庫．

Albesa, J., Calvo, J. P., Alcalá, L. and Alonso Zarza, A. M. 1997. Interpretación paleoambiental del yacimiento de La Gloria 4（Plioceno, Fosa de Teruel）a partir del análisis de facies y de asociaciones de gasterópodos y de mamíferos. Cuadernos de Geología Ibérica 22: 239-264.

Alcalá, L., Morales, J. and Soria, D. 1987. Síntesis y bioestratigrafía de los carnívoros pliocenos de las cuencas centrales españolas. Geogracets 2: 45-47.

Asahara, M., Chang, C., Kimura, J., Son, N. T. and Takai, M. 2015. Re-examination of the fossil raccoon dog（*Nyctereutes procyonoides*）from the Penghu channel, Taiwan, and an age estimation of the Penghu fauna. Anthological Science 123: 177-184. DOI:10.1537/ase.150710

Asahara, M. and Takai, M. 2017. Estimation of diet in extinct raccoon dog species by the molar ratio method. Acta Zoologica（Stockholm）98: 292-299.

朝日新聞．1995 年 10 月 6 日．「タヌキがポイントに挟まり特急が止まる——外房線御宿駅」

朝日新聞．1998 年 4 月 26 日．「タヌキはねて新幹線遅れる——大津」

朝日新聞．1999 年 3 月 24 日．「タヌキ哀れ　15 匹処分——長崎空港の人気者　滑走路で旅客機と接触」

朝日新聞．2002 年 7 月 13 日．「タヌキ繁殖　事故や故障に繋がると駆除へ——長崎空港」

Athanassiou, A. 2002. Neogene and quaternary mammal faunas of Thessaly. Annales Géologiques des Pays Helléniques 39(A): 279-293.

Balakirev, N. A. and Tinaeva, E. A. 2001. Fur farming in Russia: the current situation and the prospects. Scientifur 25: 7–10. Available: http://www.ifasanet.org/PDF/vol_25_no_1/scientifur-vol25_1_multidis_letter.pdf

Bannikov, A. G. 1964. Biologie du chien viverrin en U.R.S.S. Mammalia 28: 1–39.

Bannikov, A. G. and Sergueev, A. M. 1939. Sur la biologie du chien viverrin. Precis de travaux acientifiques de l'Universite de Moscou, Biologie, fasc. 9.

Bartolini, L. S. 2018. Nyctereutes Temminck, 1838 (Mammalia, Canidae): a revision of the genus across the Old World during Plio Pleistocene times. Fossilia Volume 2018: 7–10.

Baryshnikov, G. F. 2015. Late Pleistocene Canidae remains from Geographical Society Cave in the Russian Far East. Russian Journal of Theriology 14: 65–83.

BBC. 28 April 2017. RSPCA warning over keeping raccoon dogs as pets. Available: https://www.bbc.com/news/uk-england-lincolnshire-39744463

Beisiegel, B. M. and Ades, C. 2002. The behavior of the bush dog (*Speothos venaticus* Lund, 1842) in the field: a review. Revista de Etologia 4: 17–23.

Beisiegel, B. M. and Zuercher, G. L. 2005. Mammal Species No. 783, pp. 1–6. *Speothos venaticus*. American Society of Mammologists.

Benammi, M., Aidona, E., Merceron, G., Koufos, G. and Kostopoulos, D. S. 2020. Magnetostratigraphy and Chronology of the Lower Pleistocene Primate Bearing Dafnero Fossil Site, N. Greece. Quaternary 3: 22. DOI:10.3390/quat3030022

Blackburn, T. M., Bellard, C. and Ricciardi, A. 2019. Alien versus native species as drivers of recent Extinctions. Frontiers Ecology and the Environment 17: 203–207. DOI:10.1002/fee.2020

Boev, Z. 1995. Middle Villafranchian birds from Varshets (Western Balkan Range Bulgaria). Courier Porschungsinstitut Senckenberg 181: 259–269.

Boev, Z. 2001. Early Pliocene avifauna of Muselievo (C Northern Bulgar-

ia). Acta Zoologica Cracoviensia 44: 37–52.

Boev, Z. 2002. Fossil record and disappearance of peafowl (*Pavo* Linnaeus) from the Balkan Peninsula and Europe (Aves: Phasianidae). Historian Naturalis Bulgarica 14: 109–115.

Boršić, I., Ješovnik, A., Mihinjač, T., Kutleša, P., Slivar, S., Cigrovski Mustafić, M. and Desnica, S. 2018. Invasive alien species of Union Concern (Regulation 1143/2014) in Croatia. Natura Croatia 27: 357–398. DOI:10.20302/NC.2018.27.26

Boudreau, J. C. 1989. Neurophysiology and stimulus chemistry of mammalian taste systems. *In*: (Terahashi, R., Buttery, R. G. and Shahidi, F. eds.) Flavor Chemistry: Trends and Developments, ACS Symposium Series 388, Chapter 10. pp. 122–137. American Chemical Society, Washington, DC.

Ćirović, D. 2006. First record of the raccoon dog (*Nyctereutes procyonoides* Gray, 1834) in the former Yugoslav Republic of Macedonia. European Journal of Wildlife Research 52: 136–137. DOI:10.1007/s10344-005-0106-z

Chandler, J. C., Bevins, S. N., Ellis, J. W., Linder, T. J., Tell, R. M., Jenkins Moore, M., Root, J. J., Lenoch, J. B., Robbe Austerman, S., DeLiberto, T. J., Gidlewski, T., Torchetti, M. K. and Shriner, S. A. 2021. SARS-CoV-2 exposure in wild white-tailed deer (*Odocoileus virginianus*). BioRxiv DOI:10.1101/2021.07.29.454326

Choe, R. S., Han, K. S., Kim, S. C., Ri, M. H. and Ri, J. N. 2021. Preliminary investigation of Late Pleistocene fauna from Ryonggok Cave No. 1, Sangwon County, North Hwanghae Province, Democratic People's Republic of Korea. Journal of Quaternary Science 36: 1138-7-1142. DOI:10.1002/jqs.3346

Christiansen, P. 2002. Locomotion in terrestrial mammals: the influence of body mass, limb length and bone proportions on speed. Zoological Journal of the Linnean Society 136: 685–714.

Cliquet, F., Guiot, A. L., Munier, M., Bailly, J., Rupprecht, C. E. and Barrat, J. 2006. Safety and efficacy of the oral rabies vaccine SAG2 in raccoon dogs. Vaccine 24: 4386–4392. DOI:10.1016/j.vaccine.2006.02.057

Cliquet, F., Barrat, J., Guiot, A. L., Cael, N., Boutrand, S., Maki, J. and

Schumacher, C. L. 2008. Efficacy and bait acceptance of vaccinia vectored rabies glycoprotein vaccine incaptive foxes (*Vulpes vulpes*), raccoon dogs (*Nyctereutes procyonoides*) and dogs (*Canis familiaris*). Vaccine 26: 4627–4638. DOI:10.1016/j.vaccine.2008.06.089

Daguenet, T. and Sen, S. 2019. Phylogenetic relationships of Temminch, 1838 (Canidae, Carnivora, Mammalia) from early Pliocene of Çalta, Turkey. Geodiversitas 41: 663–677. DOI:10.5252/geodiversitas2019v41a18

Dahl, F. and Åhlén, P. A. 2019. Nest predation by raccoon dog *Nyctereutes procyonoides* in the archipelago of northern Sweden. Biological Invasions 21: 743–755. DOI:10.1007/s10530-018-1855-4

Damette, O. and Delacote, P. 2011. Unsustainable timber harvesting, deforestation and the role of certification. Ecological Economics 70: 1211–1219. DOI:10.1016/j.ecolecon.2011.01.025

DeBruijn, D. R., Daxner Höck, G., Fahlbusch, V., Ginsburg, L., Mein, P. and Morales, J. 1992. Report of the RCMNS working group on fossil mammals, Reisensburg 1990. Newsletter Stratigr. 26: 65–118.

DeMatteo, K. E. and Loiselle, B. A. 2008. New data on the status and distribution of the bush dog (*Speothos venaticus*): evaluating its quality of protection and directing research efforts. Biological Conservation 141: 2494–2505. DOI:10.1016/j.biocon.2008.07.010

DeMatteo, K. E., Rinas, M. A., Sede, M. M., Davenport, B., Argüelles, C. F., Lovett, K. and Parker, P. G. 2009. Detection dogs: an effective technique for bush dog surveys. Journal of Wildlife Management 73: 1436–1440. DOI:10.2193/2008-545

DeMatteo, K. E., Michalski, F. and Leite Pitman, M. R. P. 2011. *Speothos venaticus*. The IUCN Red List of Threatened Species 2011: e.T20468A9203243. DOI:10.2305/IUCN.UK.2011-2.RLTS.T20468A9203243.en

DeMatteo, K. E., Rinas, M. A., Argüelles, C. F., Zurano, J. P., Selleski, N., Dibitetti, M. S. and Eggert, L. S. 2014. Noninvasive techniques provide novel insights for elusive bush dog (*Speothos venaticus*). Wildlife Society Bulletin 38: 862–873. DOI:10.1002/wsb.474

Deng, T. 2006. Chinese Neogene mammal biochronology. Vertebrata Pal Asiatica 44: 143–163.

Dermitzakis, M. D., Van Der Geer, A. A. E. and Lyras, G. A. 2004. The phylogenetic position of raccoon dogs: implications of their neuroanatomy. 5th International Symposium on Eastern Mediterranean Geology, Thessaloniki, Greece, 14-20 April 2004. Ref: T8-18.

de Vos, J., Van Der Made, J., Athanassiou, A., Lyras, G., Sondaar, P. Y. and Dermitza, M. D. 2002. Preliminary note on the Late Pliocene fauna from Vatera (Lesvos, Greece). Annales Géologiques des Pays Helléniques 39, Fasc. A. pp. 37-70.

de Waal, F. 2016. Are We Smart Enough to Know How Smart Animals Are?（和訳）松沢哲朗監訳，柴田裕之訳，『動物の賢さがわかるほど人間は賢いのか』紀伊國屋書店，東京．

Diagne, C., Leroy, B., Gozlan, R. E., Vaissière, A. C., Assailly, C., Nuninger, L., Roiz, D., Jourdain, F. and Courchamp, F. 2020. InvaCost, a public database of the economic costs of biological invasions worldwide. Scientific Data 7: 277. DOI:10.1038/s41597-020-00586-z

Diagne, C., Leroy, B., Gozlan, R. E., Vaissière, A. C., Roiz, D., Jarić, I., Salles, J. M., Bradshaw, C. J. A. and Courchamp, F. 2021. High and rising economic costs of biological invasion worldwide. Nature 592: 571-576. DOI:10.1038/s41586-021-03405-6

Dobson, M. and Kawamura, Y. 1998. Origin of the Japanese land mammal fauna: allocation of extant species to historically based categories. 第四紀研究（Quaternary Research）37: 385-395.

Dol'bik, M. S. 1952. Le chien viverrin de l'Oussouri en R. S. S. B. Travaux de l'Institut de Biologie de l'Ac. des Sc. de Bielorussie, fasc. 3.

Dong, W., Jin, C., Xu, Q., Liu, J., Tong, H. and Zheng, L. 2000. A comparative analysis on the mammalian faunas associated with *Homo erectus* in China. Acta Anthropologica Sinica Supplement to Vol. 19: 246-256.

Drygala, F., Stier, N., Zoller, H., Boegelsack, K., Mix, H. M. and Roth, M. 2007. Habitat use of the raccoon dog (*Nyctereutes procyonoides*) in north eastern Germany. Mammalian Biology 73: 371-378. DOI:10.1016/j.mambio.2007.09.005

Drygala, F., Zoller, H., Stier, N. and Roth, M. 2010. Dispersal of the raccoon dog *Nyctereutes procyonoides* into a newly invaded area in Central Europe. Wildlife Biology 16: 150-161. DOI:10.2981/08-076

Drygala, F. and Zoller, H. 2013. Spatial use and interaction of the invasive raccoon dog and the native red fox in Central Europe: competition or coexistence? European Journal of Wildlife Research 59: 683–691. DOI:10.1007/s10344-013-0722-y

Drygala, F., Werner, U. and Zoller, H. 2013. Diet composition of the invasive raccoon dog (*Nyctereutes procyonoides*) and the native red fox (*Vulpes vulpes*) in north east Germany. Hystrix 24: 190–194. DOI:10.4404/hystrix-24.2-8867

Duscher, G. G., Leschnik, M., Fuehrer, H. P. and Joachim, A. 2015. Wildlife reservoirs for vector borne canine, feline and zoonotic infections in Austria. International Journal for Parasitology: Parasites and Wildlife 4: 88–96.

Egi, N., Nakatsukasa, M., Kalmykov, P. K., Maschenko, E. N. and Takai, M. 2007. Distal humerus and ulna of Parapresbytis (Colobinae) from the Pliocene of Russia and Mongolia: phylogenetic and ecological implications based on elbow morphology. Anthropological Science 115: 107–117. DOI:10.1537/ase.061008

Elmeros, M., Mikkelsen, D. M. G., Nørgaard, L. S., Pertoldi, C., Jensen, T. H. and Chriél, M. 2018. The diet of feral raccoon dog (*Nyctereutes procyonoides*) and native badger (*Meles meles*) and red fox (*Vulpes vulpes*) in Denmark. Mammal Research 63: 405–413. DOI:10.1007/s13364-018-0372-2

Erbajeva, M., Alexeeva, N. and Khenzykhenova, F. 2003. Pliocene small mammals from the Udunga site of the Transbaikal area. Coloquios de Paleontología, Vol. Ext. 1: 133–145.

Flynn, L. J., Tedford, R. H. and Zhanxiang, Q. 1991. Enrichment and stability in the Pliocene mammalian fauna of north China. Paleobiology 17: 246–265.

Food and Agriculture Organization of the United Nations, World Organisation for Animal Health and World Health Organization. 2021. SARS CoV-2 in animals used for fur farming: GLEWS+ Risk assessment. Available: https://www.who.int/publications/i/item/WHO-2019-nCoV-fur-farming-risk-assessment-2021.1

藤木洋介・古谷雅理・甲田菜穂子・園田陽一・金子弥生．2013．高速道路

進入に関わるタヌキ（*Nyctereutes procyonoides*）のフェンス登攀行動．哺乳類科学 53: 267–278.
福田源太郎．1937．たぬき．福田養魚場養狸部，鳥取県．
福田史夫．Available: http://fukuda-fumio.o.oo7.jp/bone/diferentbone.html
福江佑子・南正人・竹下毅．2020．中型哺乳類における錯誤捕獲の現状と課題．哺乳類科学 60：359–366.
Geller, M. H. 1959. Biologiâ ussurijskogo enota（*Nyctereutes procyonoides* Gray）, akklimatizirovannogo na Severo Zapade Evropejskoj časti SSSR. Tr. NII sel. Hoz va Krajnego Severa 9.
Geraads, D. 1997. Carnivores du Pliocene terminal de Ahl al Oughlam（Casablanca, Maroc）（in French）. Géobios 30: 127–164.
Geraads, D. 2006. The late Pliocene locality of Ahl al Oughlam, Morocco: vertebrate fauna and interpretation. Transactions of the Royal Society of South Africa 61: 97–101.
Geraads, D., Alemseged, Z., Bobe, R. and Reed, D. 2010. *Nyctereutes lockwoodi*, n. sp., a new canid（Carnivora: Mammalia）from the middle Pliocene of Dikika, Lower Awash, Ethiopia. Journal of Vertebrate Paleontology 30: 981–987.
Ginsburg, L. 1998. Le gisement de vertébrés pliocenes de Çalta, Ankara, Turquie. 5. Carnivores. *In*: Se n S.（éd.）, L e gisemen t d e vertébré s pliocène s d Çalta, Ankara, Turquie. 5, Geodiversitas 20: 379–396.
五関美里．2017．イオマンテの特徴に関する研究――その地域的比較．昭和女子大学大学院生活機構研究科紀要 26: 43–60.
Green, P., Van Valkenburgh, B., Pang, B., Bird, D., Rowe, T. and Curtis, A. 2012. Respiratory and olfactory turbinal size in canid and arctoid carnivorans. Journal of Anatomy 221: 609–621. DOI:10.1111/j.1469-7580.2012.01570.x
Guan, Y., Zheng, B. J., He, Y. Q., Liu, X. L., Zhuang, Z. X., Cheung, C. L., Luo, S. W., Li, P. H., Zhang, L. J., Guan, Y. J., Butt, K. M., Wong, K. L., Chan, K. W., Lim, W., Shortridge, K. F., Yuen, K. Y., Peiris, J. S. M. and Poon, L. L. M. 2003. Isolation and characterization of viruses related to the SARS coronavirus from animals in southern China. Science 302: 276–278. DOI:10.1126/science.1087139
Guérin, C. and Faure, M. 1988. Biostratigraphie comparée des grands

mammifères du Pléistocène en Europe Occidentale et au Moyen Orient. *In*: Paléorient, vol. 14, n°2. Préhistoire du Levant II. Processus des changements culturels. pp. 50–56. DOI:10.3406/paleo.1988.4454

Gurevitch, J. and Padilla, D. K. 2004. Are invasive species a major cause of extinctions? TRENDS in Ecology and Evolution 19: 470–474. DOI: 10.1016/j.tree.2004.07.005

Haba, C., Oshida, T., Sasaki, M., Endo, H., Ichikawa, H. and Masuda, Y. 2008. Morphological variation of the Japanese raccoon dog: implications for geographical isolation and environmental adaptation. Journal of Zoology 274: 239–247. DOI:10.1111/j.1469-7998.2007.00376.x

Hale, V. L., Dennis, P. M., McBride, D. S., Nolting, J. M., Madden, C., Huey, D., Ehrlich, M., Grieser, J., Winston, J., Lombardi, D., Gibson, S., Saif, L., Killian, M. L., Lantz, K., Tell, L., Torchetti, M., Robbe A. S., Nelson, M. I., Faith, S. A. and Bowman, A. S. 2021. SARS CoV-2 infection in free ranging white tailed deer (*Odocoileus virginianus*). bioRxiv DOI:10.1101/2021.11.04.467308

長谷川善和・冨田幸光・甲野直樹・小野慶一・野苅谷宏・上野輝彌．1988．下北半島尻屋地域の更新世脊椎動物群集．国立科学博物館専報 21: 17–36.

長谷川善和・髙桒祐司・松岡廣繁・金子之史・野苅家宏・木村敏之・茂木誠．2015．愛媛県大洲市肱川町のカラ岩谷敷水層産後期更新世の脊椎動物遺骸群集．群馬県立自然史博物館研究報告 19: 17–38.

波多野鷹・金子弥生．2002．フクロウとタヌキ．岩波書店，東京．

早川孝太郎．1979．猪・鹿・狸．講談社，東京．

早崎峯夫・大石勇．1982．日本の野生タヌキにおける犬糸条虫の流行について．寄生虫学雑誌 31: 177–183.

Helle, E. and Kauhala, K. 1991. Distribution history and present status of the raccoon dog in Finland. Holarctic Ecology 14: 278–286.

Helle, E. and Kauhala, K. 1993. Age structure, mortality, and sex ratio of the raccoon dog in Finland. Journal of Mammalogy 74: 936–942. Available: https://www.jstor.org/stable/1382432

Hepper, P. G. and Wells, D. L. 2005. Perinatal olfactory learning in the domestic dog. Chemical Senses 31: 207–212. DOI:10.1093/chemse/bjj020

Heptner, V. G. and Naumov, N. P. (eds.) 1967. Mammals of the Soviet

Union vol. II Part 1a. Vysshaya Shkola Publishers, Moscow.

Hoffmann, M., Abramov, A., Duc, H. M., Trai, L. T., Long, B., Nguyen, A., Son, N. T., Rawson, B., Timmins, R., Bang, T. V. and Willcox, D. 2019. The status of wild canids (Canidae, Carnivora) in Vetnam. Journal of Threatened Taxa. 11: 13951-13959. DOI:10.11609/jott.2019.11.8.13951-14086

北海道新聞. 2016年5月7日.「タヌキが穴掘り侵入か——北海道新幹線の緊急停止　地面を掘って線路内に侵入?」

Hong, Y., Kim, K. S., Kimura, J., Kauhala, K., Voloshina, I., Goncharuk, M. S., Yu, L., Zhang, Y., Sashika, M., Lee, H. and Min, M. S. 2018. Genetic diversity and population structure of East Asian raccoon dog (*Nyctereutes procyonoides*): genetic features in central and marginal populations. Zoological Science 35: 249-259. DOI:10.2108/zs170140

Hong, Y., Lee, H., Kim, K. S. and Min, M. S. 2020. Phylogenetic relationships between different raccoon dog (*Nyctereutes procyonoides*) populations based on four nuclear and Y genes. Genes and Genomics 42: 1075-1085. DOI:10.1007/s13258-020-00972

Huang, W. and Guan, J. 1983. Mammalian fossils from early Pleistocene cave deposits of Yanshan Mountain, Peking Vicinity. Vertebrata PalAsiatica 21: 69-76.

Huijser, M. P., Duffield, J. W., Clevenger, A. P., Ament, R. J. and McGowen, P. 2009. Cost-benefit analyses of mitigation measures aimed at reducing collisions with large ungulates in the United States and Canada: a decision support tool. Ecology and Society 14(2): 15. Available: http://www.ecologyandsociety.org/vol14/iss2/art15/

Humane Society International. The Fur Trade. Available: https://www.hsi.org/news-media/fur-trade/

Hyun, B., Lee, K., Kim, I., Lee, K., Park, H., Lee, O., An, S. and Lee, J. 2005. Molecular epidemiology of rabies virus isolates from South Korea. Virus Research 114: 113-125.

Ikeda, H. 1982. Socio ecological study on the raccoon dog, *Nyctereutes procyonoides viverrinus*, with reference to the habitat utilization pattern. 博士論文，九州大学.

Ikeda, H. 1983. Development of young and parental care of raccoon dog, *Nyctereutes procyonoides viverrinus* TEMMINCK, in captivity. 哺乳動物学雑誌 9: 229–236.

池田啓. 1994. タヌキはぼくのたからもの. ポプラ社, 東京.

井上雅央. 2014. 女性がやればずんずん進む 決定版！獣害対策. 農山漁村文化協会, 東京.

伊藤正一. 1968. 黒部の山賊――アルプスの怪. 実業之日本社, 東京.

一般財団法人自然環境研究センター（編). 2018. 行政における傷病鳥獣救護の考え方と地域の取り組み事例. 環境省自然環境局野生生物課鳥獣保護管理室.

Ivanoff, D. V., Wolsan, M. and Marciszak, A. 2014. Brainy stuff of long gone dogs: a reappraisal of the supposed *Canis* endocranial cast from the Pliocene of Poland. Naturwissenschaften 101: 645–651. DOI:10.1007/s00114-014-1200-4

Ivanova, G. I. 1959. Disposition des terriers de renard, de blaireau et de chien viverrin. Publications scientfiques de l'institut pedagogique de la ville Moscou, tome 104, zoologie, fasc. 7

Ivanova, G. I. 1962. Sravnitel'naâ harakteristika pitaniâ lisicy, barsuka i enotovidnoj sobaki v Voronežskom zapovednike. Učenye. Zapiski/Moskovskij Gosudarstvnnyj Pedagogičeskij Institut im. V. I. Lenina 186: 210–256.

Jacobs, G. H., Deegan, II, J. F., Crognale, M. A. and Fenwick, J. A. 1993. Photopigments of dogs and foxes and their implications for canid vison. Visual Neuroscience 10: 173–180.

Jacobson, S. L., Bliss Ketchum, L. L., de Rivera, C. E. and Smith, W. P. 2016. A behavior based framework for assessing barrier effects to wildlife from vehicle traffic volume. Ecosphere 7(4): e01345. DOI:10.1002/ecs2.1345

Jia, L. and Wei, Q. 1980. Some animal fossils from the Holocene of North China. Vertebrata PalAsiatica 18: 327–333.

時事通信. 2012年9月8日.「着陸機、タヌキと接触。滑走路を閉鎖――成田空港」

Jin, C. and Zhang, Y. 2005. First discovery of *Promimomys* (Arvicolidae) in East Asia. Chinese Science Bulletin 50: 327–332. DOI:10.1360/04wd

0299
株式会社野生動物保護管理事務所．1998．里地性の獣類に関する緊急疫学調査報告書．
河北新報．2014 年 12 月 26 日．「JR 逢隈駅でポイント故障――タヌキ挟まる」
亀井節夫・河村善也・樽野博幸．1988．日本の第四系の哺乳類動物化石による分帯．地質学論集 30: 181-204.
神谷正男．2004．エキノコックス症の危機管理へ向けて――現状と対策．日本獣医学会誌 57: 605-611.
加門七海．2014．霊能動物館．集英社，東京．
菅浩伸．2004．東アジアにおける最終氷期最盛期から完新世初期の海洋古環境．Okayama University Earth Science Reports 11: 23-31.
神奈川新聞．2009 年 9 月 27 日．「タヌキ衝突？新幹線一時停止／横浜」
Kanai, Y., Inoue, T., Mano, T., Nonaka, N., Katakura, K. and Oku, Y. 2007. Epizootiological survey of *Trichinella* spp. infection in carnivores, rodents and insectivores in Hokkaido, Japan. Japanese Journal of Veterinary Research, 54: 175-182. DOI:10.14943/jjvr.54.4.175
環境省．鳥獣関係統計．Available: https://www.env.go.jp/nature/choju/docs/docs2.html
Kapel, C. M. O., Torgerson, P. R., Thompson, R. C. A. and Deplazes, P. 2006. Reproductive potential of *Echinococcus multilocularis* in experimentally infected foxes, dogs, raccoon dogs and cats. International Journal for Parasitology 36: 79-86. DOI:10.1016/j.ijpara.2005.08.012
Kärssin, A., Häkkinen, L., Niin, E., Peik, K., Vilem, A., Jokelainen, P. and Lassen, B. 2017. *Trichinella* spp. biomass has increased in raccoon dogs (*Nyctereutes procyonoides*) and red foxes (*Vulpes vulpes*) in Estonia. Parasites & Vectors 10: 609-611. DOI:10.1186/s13071-017-2571-0
Kauhala, K., Helle, E. and Taskinen, K. 1993. Home range of the raccoon dog (*Nyctereutes procyonoides*) in southern Finland. Journal of Zoology London 231: 95-106.
Kauhala, K., Helle, E. and Pietila, H. 1998a. Time allocation of male and female raccoon dogs to pup rearing at the den. Acta Theriologica 43: 301-310.

Kauhala, K., Laukkanen, P. and von Rege, I. 1998b. Summer food composition and food niche overlap of the raccoon dog, red fox and badger in Finland. Ecography 21: 457-463.

Kauhala, K., Viranta, S., Kishimoto, M., Helle, E. and Obata, I. 1998c. Skull and tooth morphology of Finnish and Japanese raccoon dogs. Annales Zoologici Fennici 35: 1-16.

Kauhala, K., Helle, P. and Helle, E. 2000. Predator control and the density and reproductive success of grouse populations in Finland. Ecography 23: 161-168.

Kauhala, K. and Saeki, M. 2004a. Raccoon dogs: Finnish and Japanese raccoon dogs on the road to speciation? *In*: (MacDonald, D. W. and Sillero Zubiri, C. eds.) Biology and Conservation of Wild Canids. pp. 217-226. Oxford University Press, Oxford.

Kauhala, K. and Saeki, M. 2004b. Raccoon dog (*Nyctereutes procyonoides*) *In*: (Sillero, Z. C., Hoffmann, M. and Macdonald, D. W. eds.) Canids: Foxes, Jackals and Dogs. Status Survey and Conservation Action Plan. pp. 136-142. IUCN/SSC Canid Specialist Group, Gland, and Cambridge. http://www.canids.org/cap/

Kauhala, K., Holmala, K., Lammers, W. and Schregel, J. 2006. Home ranges and densities of medium sized carnivores in south east Finland, with special reference to rabies spread. Acta Theriologica 51: 1-13.

Kauhala, K., Schregel, J. and Auttila, M. 2010. Habitat impact on raccoon dog *Nyctereutes procyonoides* home range size in southern Finland. Acta Theriologica 55: 371-380. DOI:10.4098/j.at.0001-7051.063.2009

Kauhala, K. and Kowalczyk, R. 2011. The raccoon dog (*Nyctereutes procyonoides*) in the community of medium-sized carnivores in Europe: it's adaptations, impact on native fauna and the management of the population. *In*: (Álvares, F. I. and Mata, G. E. eds.) Carnivores: Species, Conservation, and Management. pp. 113-134. Nova Science Publisher, New York.

Kauhala, K. and Ihalainen, A. 2014. Impact of landscape and habitat diversity on the diversity of diets of two omnivorous carnivores. Acta Theriologica 59: 1-12. DOI:10.1007/s13364-013-0132-2

川田伸一郎・手塚牧人・酒向貴子. 2014. ラジオテレメトリーを用いた皇

居におけるタヌキ *Nyctereutes procyonoides* の行動圏調査．国立科学博物館専報 50: 565–574.

Kawamura, Y. 1991. Quaternary mammalian fauna in the Japanese islands. 第四紀研究（Quaternary Research）30: 213–220.

河村善也．2007. Last glacial and Holocene land mammals of the Japanese Islands: their fauna, extinction and immigration. 第四紀研究（Quaternary Research）46: 171–177.

河村善也・曾塚孝．1984. 福岡県平尾台の洞窟から産出した第四紀哺乳動物化石．北九州市自然史博物館研究報告 5: 163–188.

河村善也・亀井節夫・樽野博幸．1989. 日本の中・後期更新世の哺乳動物相．第四紀研究 28: 317–326.

河村善也・松橋義隆・松浦秀治．1990. 豊橋市嵩山採石場産の第 4 紀後期哺乳動物群とその意義．第四紀研究 29: 307–317.

Kerley, L. L., Mukhacheva, A. S., Matyukhina, D. S., Salmanova, E., Salkina, G. P. and Miquelle, D. G. 2015. A composition of food habits and prey preference of Amur tiger (*Panthera tigris altaica*) at three sites in the Russian Far East. Integrative Zoology 10: 354–364. DOI:10.1111/1749-4877.12135

Khusainova, N. and Vorozheykina, T. 2019. Time to collect stones: problems and prospects for the fur farming industry in Russia. Espacios 40(24): 21–35. Available: https://www.revistaespacios.com/a19v40n24/a19v40n24p21.pdf

木戸伸英．2014. ヒゼンダニ（*Sarcoptes scabiei*）に感染した野生ホンドタヌキ（*Nyctereutes procyonoides*）の疫学調査，血清生化学的性状および治療法に関する研究．博士論文，北海道大学．

Kim, S. 2011. Craniometric variation and phylogeographic relationship of raccoon dog populations (*Nyctereutes procyonoides*) in Eurasia. DPhil Thesis, Seoul National University.

Kim, S., Park, S. K., Lee, H., Oshida, T., Kimura, J., Kim, Y. J., Nguyen, S. T., Sashika, M. and Min, M. S. 2013. Phylogeography of Korean raccoon dogs: implications of peripheral isolation of a forest mammal in East Asia. Journal of Zoology 290: 225–235. DOI:0.1111/jzo.12031

Kim, S., Oshida, T., Lee, H., Min, M. and Kimura, J. 2015. Evolutionary and biogeographical implications of variation in skull morphology of rac-

coon dogs (*Nyctereutes procyonoides*, Mammalia: Carnivora). Biological Journal of the Linnean Society 116: 856–872. DOI:10.1111/bij.12629

木下あけみ・山本裕治．1996．川崎市域のホンドタヌキ調査Ⅲ．川崎市青少年科学館紀要 7: 13–18.

Kirillova, I. V. and Tesakov, A. S. 2008. New mammalian elements of the Ice Age assemblage on the Sakhalin Island. Mammal Study 33: 87–92.

岸本真弓．1997．飼育下のタヌキにおける体重，皮下脂肪厚および摂食量の季節変動．哺乳類科学 36: 165–174.

北村榮次．1934．實際養狸．綜合科學出版協會，東京．

Kitao, N., Fukui, D., Hashimoto, M. and Osborne, P. 2009. Overwintering strategy of wild free ranging and enclosure housed Japanese raccoon dogs (*Nyctereutes procyonoides albus*). International Journal of Biometeorology 53: 159–165.

Kleiman, D. G. 1972. Social behavior of the maned wolf (*Chrysocyon brachyurus*) and bush dog (*Speothos venaticus*): a study in contrast. Journal of Mammalogy 53, 791–806. DOI:10.2307/1379214

近藤憲久．1982．日本の哺乳類相——種の生態，古環境および津軽海峡の影響について．哺乳類科学 43・44: 131–144.

Koshev, Y. S., Petrov, M. M., Nedyalkov, N. P. and Raykov, I. A. 2020. Invasive raccoon dog depredation on nests can have strong negative impact on the Dalmatian pelican's breeding population in Bulgaria. European Journal of Wildlife Research 66: 85. DOI:10.1007/s10344-020-01423-9

Kowalczyk, R., Jedrzejewska, B., Zalewski, A. and Jedrzejewski, W. 2008. Facilitative interactions between the Eurasian badger (*Meles meles*), the red fox (*Vulpes vulpes*), and the invasive raccoon dog (*Nyctereutes procyonoides*) in Bialowieza Primeval Forest, Poland. Canadian Journal of Zoology 86: 1389–1396. DOI:10.1139/Z08-127

Kozlov, V. I. 1952. Material zum Studium der Biolgie des Marderhundes (*Nyctereutes procyonoides* GRAY) im Bexirk Gorki. Zoologicheskii Zhurnal 31: 761–768.

Kumazawa, T., Nakamura, M. and Kurihara, K. 1991. Canine taste nerve responses to umami substances. Physiology and Behavior 49: 875–

881.
黒瀬奈緒子・佐伯緑・Dang Ngoc Can・Park Sunkyung・Hang Lee. 2010. タヌキとキツネの系統地理と亜種分類. DNA 多型 18: 53–57.
Kurtén, B. 1965. The Carnivora of the Palestine caves. Acta Zoologica Fennica 107: 1–74.
Lau, S. K. P., Woo, P. C. Y., Li, K. S. M., Huang, Y., Tsoi, H. W., Wong, B. H. L., Wong, S. S. Y., Leung, S. Y., Chan, K. H. and Yuen, K. Y. 2005. Severe acute respiratory syndrome coronavirus like virus in Chinese horseshoe bats. Proceedings of the National Academy of Sciences of the USA 102: 14040–14045. DOI:10.1073_pnas.0506735102
Laurimaa, L., Süld, K., Davison, J., Moks, E., Valdmann, H. and Saarma, U. 2016. Alien species and their zoonotic parasites in native and introduced ranges: the raccoon dog example. Veterinary Parasitology 219: 24–33. DOI:10.1016/j.vetpar.2016.01.020
Li, Q., Wang, X. and Qui, Z. 2003. Pliocene mammalian fauna of Gaotege in Nei Mongol (Inner Mongolia), China. Vertebrata PalAsiatica 41: 104–114.
Li, R. and Yang, M. 1991. Relationship between developments of the Huanghe and Yongding Rivers and the evolution of the fossil lakes of the Cenozoic Era in the darainage area. Chinese Geographical Science 1: 234–247.
Li, W., Shi, Z., Yu, M., Ren, W., Smith, C., Epstein, J. H., Wang, H., Crameri, G., Hu, Z., Zhang, H., Zhang, J., McEachern, J., Field, H., Daszak, P., Eaton, B. T., Zhang, S. and Wang, L. F. 2005. Bats are natural reservoirs of SARS like coronaviruses. Science 310: 676–679. DOI:10.1126/science.1118391
Lima, E. S., DeMatteo, K. E., Jorge, R. S. P., Jorge, M. L. S. P., Dalponte, J. C., Lima, H. S. and Klorfine, S. A. 2012. First telemetry study of bush dogs: home range, activity and habitat selection. Wildlife Research 39: 512–519. DOI:10.1071/WR11176
Liu, J. 2004. Preliminary analysis on the carnivore fossils from the Renzidong Cave, Fanchang anhui, and their geological age. *In*: (Dong, W. ed.) Proceedings of the 9th Annual Meeting of the Chinese Society of Vertebrate Paleontology. pp. 83–92. China Ocean Press, Beijing.

Liu, W., Dong, W., Liu, J., Fang, Y. and Zhang, L. 2015. New materials of the early Pleistocene mammalian fauna from Tuozidong, Tangshan, Nanjing and the indications of paleoenvironment. Quaternary Sciences 35: 596-606. DOI:10.11928/j.issn.1001 -7410.1015.03.1

Luk, H. K. H., Li, X., Fung, J., Lau, S. K. P. and Woo, P. C. Y. 2019. Molecular epidemiology, evolution and phylogeny of SARS coronavirus. Infection, Genetics and Evolution 71: 21-30. DOI:10.1016/j.meegid.2019.03.001

Macdonald, D. W. 1996. Social behaviour of captive bush dog (*Speothos venaticus*). Journal of Zoology 239: 525-543. DOI:10.1111/j.1469-7998.1996.tb05941.x

Macdonald, D. W., King, C. M. and Strachan, R. 2007. Introduced species and the line between biodiversity conservation. *In*: (Macdonald, D. W. and Service, K. eds.) Key Topics in pp. 187-205. Conservation Biology, Blackwell, Oxford.

町田和彦・斎藤貴. 1986. 埼玉県秩父地方におけるホンドタヌキ *Nyctereutes procyonoides viverrinus* TEMMINCK の年齢構成と歯数変異. 埼玉県立自然史博物館研究報告 4: 15-20.

Machida, N., Kiryu, K., Ohishi, K., Kanda, E., Izumisawa, N. and Nakamura, T. 1993. Pathology and epidemiology of canine distemper in raccoon dogs (*Nyctereutes procyonoides*). Journal of Comparative Pathology 108: 383-392.

毎日新聞. 2009 年 11 月 8 日.「イノシシ　用水路に落ち、散弾銃で射殺──長岡／新潟」

毎日新聞. 2010 年 4 月 16 日.「鉄道事故　JR 特急しなの、タヌキはね遅れ──愛知・春日井」

毎日新聞. 2016 年 5 月 6 日.「北海道新幹線　緊急停止『タヌキはねた』JR 北海道」

Mäkinen, A. 1974. Exceptional karyotype in a raccoon dog. Hereditas 78: 150-152.

Mäkinen, A., Kuokkanen, M. T. and Valtonen, M. 1986. A chromosome banding study in the Finnish and the Japanese raccoon dog. Hereditas 105: 97-106.

Malkemper, E. P., Mason, M. J. and Burda, H. 2020. Functional anatomy of

the middle and inner ears of the red fox, in comparison to domestic dogs and cats. Journal of Anatomy 236: 980–995. DOI:10.1111/joa.13159

まんが日本昔ばなしデータベース．Available: http://nihon.syoukoukai.com/

Matsumoto, H. 1930. Report of the mammalian remains from the sites at Aoshima and Hibiku, Province of Rikuzen. Science reports of the Tohoku Imperial University. 2nd series, Geology 13: 59–A56.

松本裕之・多田隆治・大場忠道．1998．最終氷期の海水準変動に対する日本海の応答――分収支モデルによる陸橋成立の可能性の検証．第四紀研究 37: 221–233.

松谷みよ子．1995．狸・むじな．現代民話考 11 巻．立風書房，東京．

Mech, L. D. 1970. The Wolf: The Ecology and Behavior of an Endangered Species. University of Minnesota Press, Minneapolis.

Mein, P. and Aymar, J. 1984. Découvertes récentes de mammifères dans le Pliocène du Roussillon. Note préliminaire. *In*: Comptes rendus d'activités annuelles. Association régionale pour le développement des recherches de paléontologie et de préhistoire et des Amis du Muséum, tome 22, 1984. pp. 69–71.

Meine, C. (ed.) 1998. Bulgaria's Biological Diversity: Conservation Status and Needs Assessment. Pensoft, Sofia and Moscow.

Meloro, C. 2007. Plio Pleistocene large carnivores from the Italian peninsula: functional morphology and macroecology. DPhil Thesis, Università degli Studi di Napoli "Federico II".

Miao, F., Li, N., Yang, J., Chen, T., Liu, Y., Zhang, S. and Hu, R. 2021. Neglected challenges in the control of animal rabies in China. One Health 12: 100212. DOI:10.1016/j.onehlt.2021.100212

Miettinen, J., Shi, C. and Liew, S. C. 2011. Deforestation rates in insular Southeast Asia between 2000 and 2010. Global Change Biology 17: 2261–2227. DOI:10.1111/j.1365-2486.2011.02398.x

Millien, P. V. and Jaeger, J. J. 1999. Island biogeography of the Japanese terrestrial mammal assemblages: an example of a relict fauna. Journal of Biogeography 26: 959–972.

Minouchi, O. 1929. On the spermatogenesis of the raccoon dog (*Nycte-*

reutes procyonoides), with special reference to the sex chromosomes. Cytologia 1: 88–108.

Miquelle, D. G., Smirnov, E. N., Quigley, H. G., Hornocker, M. G., Nikolaev, I. G. and Matyushkin, E. N. 1996. Food habits of Amur tigers in Sikhote Zapovednik and the Russian Far East, and implication for conservation. Journal of Wildlife Research 1: 138–147.

Mitsuhashi, I., Sako, T., Teduka, M., Koizumi, R., Saito, M. U. and Kaneko, Y. 2018. Home range of raccoon dogs in an urban green area of Tokyo, Japan. Journal of Mammalogy 99: 732–740. DOI:10.1093/jmammal/gyy033

宮沢光顕．1978．狸の話．有峰書店，東京．

水上則子．2009．ロシア・アニメーション映画におけるキツネ・クマ・オオカミによる形象．県立新潟女子短期大学研究紀要 45: 365–378.

Monguillon, A., Spassov, N., Argant, A., Kauhala, K. and Viranta, S. 2004. *Nyctereutes vulpinus* comb. et stat. nov. (Mammalia, Carnivora, Canidae) from the late Pliocene of Saint-Vallier (Drome, France). Geobios 37: S183–S188.

MRC-GTZ Cooperation Programme. 2006. The Southern Krong Ana Watershed Dak Lak Province, Vietnam: A Baseline Survey. Mekong River Commission and Deutsche Gesellschaft für Technische Zusammenarbeit. Available: http://www.mekonginfo.org/assets/midocs/0001940-inland-waters-the-southern-krong-ana-watershed-dak-lak-province-vietnama-baseline-survey.pdf

Mulder, J. L. 2011. The raccoon dog in the Netherlands: a risk assessment. Report Bureau Mulder natuurlijk. Team Invasieve Exoten, Nieuwe Voedsel en Waren, Ministerie van Economische zaken, Landbouw en Innovatie.

Mulder, J. L. 2013. The raccoon dog (*Nyctereutes procyonoides*) in the Netherlands: its present status and a risk assessment. Lutra 56: 23–43.

Murray, M. H., Becker, D. J., Hall, R. J. and Hernandez, S. M. 2016. Wildlife health and supplemental feeding: a review and management recommendations. Biological Conservation 204: 163–174. DOI:10.1016/j.biocon.2016.10.034

Naderi, M., Çoban, E., Kusak, J., Kemahli Aytekın, M. Ç., Chynoweth, M., Ağirkaya, İ. K., Güven, N., Çoban, A. and Şekercioğlu, Ç. H. 2020. The first record of raccoon dog (*Nyctereutes procyonoides*) in Turkey. Turkish Journal of Zoology 44: 209–213. DOI:10.3906/zoo-1910-29
長尾英彦．2010．動物との衝突事故と道路の設置・管理責任．中京法学 45: 75–96.
中垣和英・鈴木隆史．1994．タヌキ個体群動態に与えるフィラリア感染の影響．獣医畜産新報 47: 29–32.
中島全二・桑野幸夫．1957．下北半島尻尾崎における第四紀哺乳類化石の産出状況について．資源研彙報 43–44: 153–159.
中村禎里．1990．狸とその世界．朝日新聞社，東京．
中村とも子・弓良久美子・間宮史子．1987．異類婚姻譚に登場する動物——動物婿と動物嫁の場合．口承文芸研究 10: 84–102.
中西裕二．1990．動物憑依の諸相——佐渡島の憑霊信仰に関する調査中間報告．慶應義塾大学大学院社会学研究紀要 30: 45–52.
並木正義．1992．エキノコックス症の今日的問題点——蔓延の恐れとその対策．日本農村医学会雑誌 40: 1113–1116.
Natchevn, N. 2016. Newly registered traces of Raccoon dogs (*Nyctereutes procyonoides*) indicate the presence of resident population in the region of Bolata dere (NE Bulgaria). ZooNotes 90: 1–3.
Nentwig, W., Bacher, S., Kumschick, S., Pyšek, P. and Vilà, M. 2018. More than "100 worst" alien species in Europe. Biological Invasions 20: 1611–1621. DOI:10.1007/s10530-017-1651-6
Nie, W., Wang, J., Perelman, P., Graphodatsky, A. S. and Yang, F. 2003. Comparative chromosome painting defines the karyotypic relationships among the domestic dog, Chinese raccoon dog and Japanese raccoon dog. Chromosome Research 11: 735–740.
野口和恵．2002．香川県におけるタヌキ *Nyctereutes procyonoides* の精巣の季節変化．哺乳類科学 42: 167–170.
野嶋広二．2002．更新世谷下石灰岩裂罅堆積物（静岡県引佐町）の脊椎動物化石．静岡大学地球科学研究報告 29: 1–11.
農林水産省．過年度の農作物被害状況．Available: https://www.maff.go.jp/j/seisan/tyozyu/higai/hogai_zyoukyou/kanendo_higai.html
Nørgaard, L. S., Mikkelsen, D. M. G., Rømer, A. E., Chriél, M., Elmeros, M.,

Madsen, A. B., Pertoldi, C. and Jensen, T. H. 2014. Spredning af feral Mårhund (*Nyctereutes procyonoides*) i Danmark. Flora og Fauna 120: 8–14.

Norton, C. J. and Gao, X. 2008. Zhoukoudian upper cave revisited. Current Anthropology 49: 732–745. DOI:10.1086/588637

Nowak, E. and Pielowski, Z. 1964. Die Verbreitung des Marderhundes in Polen im Zusammenhang mit seiner Einbürgerung und Ausbreitung in Europa. Acta Theriologica 9: 81–110.

Nyakatura, K. and Bininda-Emonds, O. R. P. 2012. Updating the evolutionary history of Carnivora (Mammalia): a new species level supertree complete with divergence time estimates. BMC Biology 10: 12. DOI: 10.1186/1741-7007-10-12

小原巌. 1983. 岡山県中部および北部におけるタヌキの年齢構成. 哺乳動物学雑誌 9: 204–207.

Obtemperanski, S. I. 1953a. Vergleichende Analyse der Nahrung des Marderhunds, des Fuchses und des Dachses im Gebiet von Woronesch. Biullet. obsest. estestvoispit. 10: 97–100.

Obtemperanski, S. I. 1953b. Historique de peuplement de chien viverrin dans le district de Voroneje. Travaux de la reserve de Voroneje, fasc. 4.

Ogino, S., Nakaya, H., Takei, M. and Fukuchi, A. 2008. Note on carnivore fossils from the Pliocence Udunga fauna, Transbaikal area, Russia. Asian Paleoprimatology 5: 45–60.

奥崎政美. 1979. 飼育下におけるホンドタヌキ *Nyctereutes procyonoides viverrinus*, Temminck の繁殖について. 女子栄養大学紀要 10: 99–103.

Olsen, J. W. and Ciochon, R. L. 1990. A review of evidence for postulated Middle Pleistocene occupations in Viet Nam. Journal of Human Evolution 19: 761–788.

Ortiz, L. I., Torres, M. V., Villamayor, P. R., López, B. A. and Sanchez, Q. P. 2020. The vomeronasal organ of wild canids: the fox (*Vulpes vulpes*) as a model. Journal of Anatomy 237: 890–906. DOI:10.1111/joa.13254

Paulauskas, A., Griciuvienė, L., Radzijevskaja, J. and Gedminas, V. 2015. Genetic characterization of the raccoon dog (*Nyctereutes procyonoides*), an alien species in the Baltic region. Turkish Journal of Zoology

39: 1-11. DOI:10.3906/zoo-1502-34

Pavlinski, L. A. 1937. Materiaux sur la reproduction et l'elevage des chien viverrins en captivite. Travaux du Jardin Zoologique de Novosibirsk.

Pei, W. C. 1934. Preliminary report on the Late Paleolithic cave of Choukoutien. Bulletin of the Geological Society of China 13: 327-358.

Penrose, F., Cox, P., Kemp, G. and Jeffery, N. 2020. Functional morphology of the jaw adductor muscles in the Canidae. Anatomical Record 303: 2878-2903. DOI:10.1002/ar.24391

Pitra, C., Schwarz, S. and Fickel, J. 2009. Going west: invasion genetics of the alien raccoon dog *Nyctereutes procyonoides* in Europe. European Journal of Wildlife Research 56: 117-129. DOI:10.1007/s10344-009-0283-2

Qiu, Z. and Qiu, Z. 1995. Chronological sequence and subdivision of Chinese Neogene mammalian faunas. Palaeogeography, Palaeoclimatology, Palaeoecology 116: 41-70.

Ramírez, G. A., Rodríguez, F. R., Quesada, O., Herráez, P., Fernández, A. E. and Espinosa de los Monteros, A. 2016. Anatomical mapping and density of Merkel cells in skin and mucosae of the dog. Anatomical Record 299: 1157-1164. DOI:10.1002/ar.23387

Reynolds, S. C. 2012. *Nyctereutes terblanchei*: the raccoon dog that never was. South African Journal of Science: Vol. 108, No. 1/2.

Romero, M. J. 1984. Venta del Moro: su macrofauna de mamíferos y biostratigrafía continental del Mioceno terminal Mediterráneo. DPhil Thesis, Universidad Complutense de Madrid.

Rook, L., Bartolini, L. S., Bukhsianidze, M. and Lordkipanidze, D. 2017. The Kvabebi Canidae record revisited (late Pliocene, Sighnaghi, eastern Georgia). Journal of Paleontology 91: 1258-1271. DOI:10.1017/jpa.2017.73

Sabol, M., Holec, P. and Wagner, J. 2008. Late Pliocene Carnivores from Včeláre 2. Paleontologicheskii Zhurnal 5: 76-87. DOI:10.1134/S0031030108050092

Saeki, M. 2001. Ecology and Conservation of the Raccoon dog (*Nyctereutes procyonoides*) in Japan. DPhil Thesis, University of Oxford. Available: https://ora.ox.ac.uk/objects/uuid:749a41ed-5872-4f98-bae3-

7f3cee2ca01c
佐伯緑．2008．里山の動物の生態 —— タヌキ．（高槻成紀・山極寿一，編：日本の哺乳類学②中大型哺乳類・霊長類）pp. 321-345．東京大学出版会，東京．
佐伯緑．2012．タヌキの辿った未知の道．たぬき道 69: 10-11．
佐伯緑．2015．有害捕獲数から見えるもの．たぬき道 73: 9-12．
佐伯緑．2016．タヌキの生態と農作物被害の現状・対策．（STOP! 鳥獣害 —— 地域で取り組む対策のヒント）pp. 63-75. 全国農業会議所，東京．
Saeki, M. and Macdonald, D. W. 2004. The effects of traffic on the raccoon dog (*Nyctereutes procyonoides viverrinus*) and other mammals in Japan. Biological Conservation 118: 559-571. DOI:10.1016/j.biocon.2003.10.004
佐伯緑・飯塚康雄・内山拓也・松江正彦．2005．マイナスからプラスへ —— 野生生物のための積極的な道路整備．第 4 回野生生物と交通研究発表会，pp. 41-48．
Saeki, M., Jonson, P. J. and Macdonald, D. W. 2007. Movements and habitat selection of raccoon dogs (*Nyctereutes procyonoides*) in a mosaic landscape. Journal of Mammalogy 88: 1098-1111. DOI:10.1644/06-MAMM-A-208R1.1
佐伯緑・竹内正彦．2008．タヌキによる農作物被害の現状とその対策（1）—— タヌキの生態と農作物被害の現状．農業および園芸 83: 657-665.
斉藤昌宏．1988．佐渡のシカとイノシシ．野兎研究会誌 15: 97-103．
Seki, Y. 2013. First report on the high magnitude of seasonal weight changes in the raccoon dog subspecies *Nyctereutes procyonoides viverrinus* in Japan. Pakistan Journal of Zoology 45: 1172-1177.
Seki, Y. and Koganezawa, M. 2011. Factors influencing winter home range and activity patterns of raccoon dog *Nyctereutes procyonoides* in a high altitude are of Japan. Acta Theriologica 56: 171-177. DOI:10.1007/s13364-010-0020-y
Sen, S., Bouvrain, G. and Geraads, D. 1998. Pliocene vertebrate locality of Çalta, Ankara, Turkey. 12. Paleoecology, biogeography and biochronology. Geodiversitas 20: 497-510.
Serpell, J. (ed.) 1995. The Domestic Dog: Its Evolution, Behaviour and Interactions with People. Cambridge University Press, London.

Seton, E. T. 1898. Lobo, the King of Currumpaw. *In*: "Wild Animals I Have Known." (和訳) 藤原英司訳,『ロボ――カランポーの王』シートン動物記 第1巻「私の知る野生動物」集英社, 東京.

Shabadash, S. A. and Zelikina, T. I. 2004. The tail gland of canids. Biology Bulletin 31: 367–376. Translated from Izvestiya Akademii Nauk, Seriya Biologicheskaya 4: 447–458 (original in Russian).

Shang, S., Zhang, H., Wu, X., Wei, Q., Chen, J., Zhang, H., Zhong, H. and Tang, X. 2018. The bitter taste receptor genes of the raccoon dog (*Nyctereutes procyonoides*). Pakistan Journal of Zoology 50: 1361–1366.

Shibata, F. and Kawamichi, T. 1999. Decline of raccoon dog populations resulting from sarcoptic mange epizootics. Mammalia 63: 281–290.

Shikama, T. 1949. The Kuzuu ossuaries. Science report of Tohoku University Ser. 2 (Geology) 23: 128–135.

篠田優香・佐伯緑・竹内正彦・木下嗣基. 2021. 水田優占地帯の景観構造によるタヌキ *Nyctereutes procyonoides* のロードキルへの影響. 哺乳類科学 61: 179–187. DOI:10.11238/mammalianscience.61.179

Sickenberg, O. 1972. Ein Unterkiefer des Caniden *Nyctereutes donnezani* (DEP.) aus der Umgebung von Saloniki (Griech. Mazedonien) und seine biostratigraphische Bedeutung. Annalen des Naturhistorischen Museums in Wien 76: 499–513.

Sihvonen, L. 2001. Documenting freedom from disease and re-establishing a free status after a breakdown rabies. Acta Veterinaria Scandinavica, Suppl. 94: 89–91.

Singer, A., Kauhala, K., Holmala, K. and Smith, G. S. 2009. Rabies in northeastern Europe: the threat from invasive raccoon dogs. Journal of Wildlife Diseases 45: 1121–1137. DOI:10.7589/0090-3558-45.4.1121

Sohn, P., Park, Y. and Han, C. 1991. Yyonggul cave: palaeontological evidence and cultural behaviour. Indo Pacific Prehistory Association Bulletin 10: 92–98.

Soria, D. and Aguirre, E. 1976. El canido de Layna: Revision de los *Nyctereutes* fosiles: Trabajos sobre Neogeno Cuaternario. Trabajos sobre Neogeno Cuaternario 5: 83–107.

Sorokin, M. 1956. Biologische und morphologische Verwandlungen des im

Gebiet von Kalinin akklimatisierten Marderhunds. Ucien. zap. Kalininsk. gos. ped. in ta 20: 125–130.

Sotnikova, M. V. and Kalmykov, N. P. 1991. Pliocene carnivora from Udunga locality (Transbaikalia, USSR). *In*: (Vangengeim E.A. ed.) Pliocene and Anthropogene Paleogeography and Biostratigraphy. pp. 146–160. Geological Institute of Russian Academy of Sciences. Nauka, Moscow.

Sotnikova, M. V., Baigusheva, V. S. and Titov, V. V. 2002. Carnivores of the Khapry faunal assemblage and their stratigraphic implications. Stratigraphy and Geological Correlation 10: 375–390 (Translated from Stratigrafiya. Geologicheskaya Korrelyatsiya 10: 62–78).

Spassov, N. 2003. The Plio Pleistocene vertebrate fauna in South Eastern Europe and the megafaunal migratory waves from the east to Europe. Revue de Paléobiologie 22: 197–229.

Špinkytė B. R. and Pėtelis, K. 2012. Diet composition of wolf (*Canis lupus*) in Lithuania. Acta Biologica Universitatis Daugavpiliensis 12: 100–105.

Ştefănescu, R., Roman, C., Miron, L. D., Solcan, G., Vulpe, V., Hriţcu, L. D. and Musteata, M. 2020. Brainstem auditory evoked potentials in raccoon dogs (*Nyctereutes procyonoides*). Animals 10: 233. DOI:10.3390/ani10020233

Storm, G. L., Andrews, R. D., Phillips, R. L., Bishop, R. A., Siniff, D. B. and Tester, J. R. 1976. Morphology, reproduction, dispersal, and mortality of Midwestern red fox populations. Wildlife Monographs 49. Available: https://www.jstor.org/stable/3830425

Strait D. S., Orr, C. M., Hodgkins, J., Spassov, N., Gurova, M., Miller, C. and Tzankov, T. 2016. The human fossil record of Bulgaria and the formulation of biogeographic hypotheses. *In*: (Harvati, K. and Roksandic, M. eds.) Paleoanthropology of the Balkans and Anatolia. Vertebrate Paleobiology and Paleoanthropology. Springer, Dordrecht. DOI:10.1007/978-94-024-0874-4_5

Stuewer, F. W. 1943. Raccoons: their habitats and management in Michigan. Ecological Monograph 13(2): 205–257. Available: https://www.jstor.org/stable/1943528

Sugiura, N., Ochiai, K., Yamamoto, T., Kato, T., Kawamoto, Y., Omi, T. and Hayama, S. 2020. Examining multiple paternity in the raccoon dog (*Nyctereutes procyonoides*) in Japan using microsatellite analysis. Journal of Veterinary Medical Science 84: 479-482. DOI:10.1292/jvms.19-0655

Sutor, A., Schwarz, S. and Conraths, F. J. 2014. The biological potential of the raccoon dog (*Nyctereutes procyonoides*, Gray 1834) as an invasive species in Europe: new risks for disease. Acta Theriologica 59: 49-59. DOI:10.1007/s13364-013-0138-9

高井冬二．1962．三ケ日人と三ケ日只木石灰岩採石場の含化石層．5．只木層の脊椎動物化石．人類学雑誌 70: 38-40, pls. 1-2.

高槻成紀．2016．たぬき学．誠文堂新光社，東京．

竹島嘉平．1939．狸の養殖並疾病と衛生．「養狸講習録」北海道養狐養狸協会，北海道．pp. 50-118.

Takeuchi, M. 2010. Sexual dimorphism and relative growth of body size in the Japanese red fox *Vulpes vulpes japonica*. Mammal Study 35: 125-131.

竹内正彦・佐伯緑．2008．タヌキによる農作物被害の現状とその対策（2）──被害対策．農業および園芸 83: 758-764.

田中経一．2018．愛を乞う皿．幻冬舎，東京．（引用部分 78 頁）

Tang, Y. and Ji, H. 1983. A Plio Pleistocene transition fauna from Yuxian, Hebei Co. Vertebrata PalAsiatica 21: 245-254.

Tang, Y. and Zong, G. 1987. Fossil mammals from the Pliocene of the Hanzhong Region, Shaanxi Province, and their stratigraphic significance. Vertebrata PalAsiatica 25: 222-235.

狸旅記録～たぬたび～ウエブサイト．Available: http://tanutanuki.diary.to/

タウンニュース厚木・愛川・清川版．2008 年 12 月 5 日．「手作り梯子でタヌキを救出──厚木市三田の主婦 3 人が機転／地域住民に安堵」

Tedford, R. H. and Qiu, Z. 1991. Pliocene *Nyctereutes* (Carnivora: Canidae) from Yushe, Shanxi, with comments on Chinese fossil raccoon dogs. Vertebrata PalAsiatica 29: 179-189.

Tedford, R. H., Taylor, B. E. and Wang, X. 1995. Phylogeny of the Caninae (Carnivora: Canidae): the living taxa. American Museum Novitates

3146: 1–37.
The Daily Mirror. July 10, 2020. Dangerous raccoon dogs spotted in Britain as public urged not to approach them. Available: https://www.mirror.co.uk/news/uk-news/dangerous-raccoon-dogs-spotted-britain-22337467
The Moscow Times. January 28, 2015. Raccoon dog rescued from ice drifting out to sea in Russian Far East. Available: https://www.themoscowtimes.com/2015/01/28/raccoon-dog-rescued-from-ice-drifting-out-to-sea-in-russian-far-east-a43319
The Times. April 28, 2014. The latest threat to Britain's wildlife: raccoon dogs. (by Marsh, S.) Available: https://www.thetimes.co.uk/article/the-latest-threat-to-britains-wildlife-raccoon-dogs-5sgh0gmbdw7
Tong, H., Shang, H., Zhang, S. and Chen, F. 2004. A preliminary report on the newly found Tianyuan Cave, a Late Pleistocene human fossil site near Zhoukoudian. Chinese Science Bulletin 49: 853–857.
Turner, A. 1986. Miscellaneous carnivore remains from Plio Pleistocine deposits in the Sterkfontein valley. Annals of the Transvaal Museum 34: 203–226.
Turner, A. and Wood, B. 1993. Taxonomic and geographic diversity in robust australopithecines and other African Plio Pleistocene larger mammals. Journal of Human Evolution 24: 147–168.
Vekura, A., Lordkipanidze, D., Agustí, J. and Oms, O. 2005. The Pliocene mammal site of Kvabebi (Eastern Georgia): new field campaigns and age determination. Geophysical Research Abstracts 7: 08450.
Vujošević, M., Rajičić, M. and Blagojević, J. 2018. B chromosomes in populations of mammals revisited. Genes 9: 487–514. DOI:10.3390/genes9100487
Wada, M. Y., Lim, Y. and Wurster Hill, D. H. 1991. Banded karyotype of a wild-caught male Korean raccoon dog *Nyctereutes procyonoides koreensis*. Genome 34: 302–306.
Wada, M. Y., Suzuki, T. and Tsuchiya, K. 1998. Re-examination of the chromosome homology between two subspecies of Japanese raccoon dogs (*Nyctereutes procyonoides albus* and *N. p. viverrinus*). Caryologia 51: 13–18.

Wang, L., Tang, Q. and Liang, G. 2014. Rabies and rabies virus in wildlife in mainland China, 1990–2013. International Journal of Infectious Diseases 25: 122–129.

Wang, X., Li, Q., Xie, G., Saylor, J. E., Tseng, Z. J., Takeuchi, G. T., Deng, T., Wang, Y., Hou, S., Liu, J., Zhang, C., Wang, N. and Wu, F. 2013. Mio Pleistocene Zanda Basin biostratigraphy and geochronology, pre Ice Age fauna, and mammalian evolution in western Himalaya. Palaeogeography, Palaeoclimatology, Palaeoecology 374: 81–95. DOI:10.1016/j.palaeo.2013.01.007

Wang, X. W., Tedford, R. H., Valkenburgh, B. V. and Wayne, R. K. 2004. Evolutionary history, molecular systematics, and evolutionary ecology of Canidae. *In*: (MacDonald, D. W. and Sillero Zubiri, C. eds.) Biology and Conservation of Wild Canids. pp. 37–52. Oxford University Press, Oxford.

Wang, X. W. and Tedford, R. H. 2008. Dogs: Their Fossil Relatives and Evolutionary History. Columbia University Press, New York.

Ward, O. G., Wurster Hill, D. H., Ratty, F. J. and Song, Y. 1987. Comparative cytogenetics of Chinese and Japanese raccoon dogs, *Nyctereutes procyonoides*. Cytogenetics and Cell Genetics 45: 177–186.

Wayne, R. K. and O'Brien, S. J. 1987. Allozyme divergence within the Canidae. Systematic Zoology 36: 339–355.

Wayne, R. K., Nash, W. G. and O'Brien, S. J. 1987. Chromosomal evolution of the Canidae II. Divergence from the primitive carnivore karyotype. Cytogenetics and Cell Genetics 44: 134–141.

Weber, J. M., Fresard, D., Capt, S. and Nole, C. 2004. First records of raccoon dogs, *Nyctereutes procyonoides* (Gray, 1834), in Switzerland. Revue Suisse de Zoologie 111: 935–940.

Wells, D. L. and Hepper, P. G. 2006. Prenatal olfactory learning of the domestic dog. Animal Behaviour 72: 681–686. DOI:10.1016/j.anbehav.2005.12.008

Werdelin, L. and Turner, A. 1996. Turnover in the guild of larger carnivores in Eurasia across the Miocene Pliocene boundary. Acta Zoologica Cracoviensia 39: 585–592.

Werdelin, L. and Lewis, M. E. 2005. Plio Pleistocene Carnivora of eastern

Africa: species richness and turnover patterns. Zoological Journal of the Linnean Society 144: 121-144.
Wood, B. and Strait, D. 2004. Patterns of resource use in early *Homo* and *Paranthropus*. Journal of Human Evolution 46: 119-162.
Xue, X. 1981. An early Pleistocene mammalian fauna and its stratigraphic position from Weinan, Shaanxi Province. Vertebrata PalAsiatica 19: 35-44.
Xue, X., Zhang, Y. and Yue, L. 2006. Paleoenvironments indicated by the fossil mammalian assemblages from red clay-loess sequence in the Chinese Loess Plateau since 8.0 Ma B.P. Science in China: Series D Earth Sciences 49: 518-530. DOI:10.1007/s11430-006-0518-y
Yamamoto, I. 1984. Latrine utilization and feces recognition in the raccoon dog, *Nyctereutes procyonoides*. Journal of Ethology 2: 47-54.
山本伊津子．1984．ためふんの意味を探る――タヌキの共同トイレ．アニマ 140: 71-75.
山本祐治・木下あけみ．1994．川崎市におけるホンドタヌキ *Nyctereutes procyonoides viverrinus* 個体群の死亡状況と生命表．川崎市青少年科学館紀要 5: 35-40.
Yangl, H., Dou, H., Baniya, R. K., Han, S., Guan, Y., Xie, B., Zhao, G., Wang, T., Mou, P., Feng, L. and Ge, J. 2018. Seasonal food habits and prey selection of Amur tigers and Amur leopards in Northeast China. Nature 8: 6930. DOI:10.1038/s41598-018-25275-1
Yi, H., Chiao, Y., Fu, Y., Rissi, M. and Maas, B. 2006. Fun Fur?: a report of the Chinese fur industry. Care for the Wild International. DOI:10.13140/RG.2.2.21167.69284
Yiman, A. E., Nonoka, N., Oku, Y. and Kamiya, M. 2002. Prevalence and intensity of *Echinococcus multilocularis* in red foxes（*Vulpes vulpes schrencki*）and raccoon dogs（*Nyctereutes procyonoides albus*）in Otaru city, Hokkaido, Japan. Japanese Journal of Veterinary Research 49: 287-296.
読売新聞．2007 年 12 月 12 日．「保守点検車がタヌキはねる、東北新幹線 2 本に遅れ」
Yoshida, T. H., Wada, M. Y. and Ward, O. G. 1983. Cytogenetical studies on the Japanese raccoon dog I. Karyotype of a Japanese raccoon dog

with 40 chromosomes including two supernumeraries. Proceedings of the Japan Academy 59(B): 267-270.

Yoshida, T. H., Wada, M. Y., Ward, O. G. and Wurster Hill, D. H. 1984. Cytogenetical studies on the Japanese raccoon dog II. Further studies on the Japanese raccoon dog karyotypes, with a special regard to somatic variation of B chromosomes. Proceedings of the Japan Academy 60(B): 17-20.

Yoshida, T. H. and Wada, M. Y. 1985. Cytogenetical studies on the Japanese raccoon dog X. Chromosomes in the secondary spermatocytes with a consideration on a possible cause of wide distribution of B's in the wild population. Proceedings of the Japan Academy 61 (B): 383-386.

吉倉眞．1991．サハリン（樺太）の陸棲哺乳類相の研究史．哺乳類科学 30: 221-233.

Yoshioka, M., Kishimoto, M., Nigi, H., Sakanakura, T., Miyamoto, T., Hamasaki, S., Hattori, A., Suzuki, T. and Aida, K. 1990. Seasonal changes in serum levels of testosterone and progesterone on the Japanese raccoon dog, *Nyctereutes procyonoides viverrinus*. Proceedings of the Japan Society for Comparative Endocrinology 5: 17.

Zhang, Y., Sun, T., An, Z. and Xue, X. 1999. Mammalian fossils from Late Pliocene (Lower MN 16) of Lingtai, Gansu Province. Vertebrata PalAsiatica 37: 190-199.

Zhang, Y. Z., Xiong, C. L., Xiao, D. L., Jiang, R. J., Wang, Z. X., Zhang, L. Z. and Fu, Z. F. 2005. Human rabies in China. Emerging Infectious Diseases 11: 1983-1984. DOI:10.3201/eid1112.040775

Zhang, Z. Q. 2001. Fossil mammals of early Pleistocene from Ningyang, Shandong Province. Vertebrata PalAsiatica 39: 139-150.

Zheng, S. and Cai, B. 1991. Fossil Micromammals from the Donggou Section of Dongyaozitou, Yuxian County, Hebei Province. Contributions to INQUA XIII, July 1991 pp. 100-131 (Translated by Will Downs, Northern Arizona University).

Zhu, C., Ma, C. M., Ouyang, J., Li, Z. X., Yin, Q., Sun, Z. B., Huang, Y. P., Flad, R. K., Li, L. and Li, Y. M. 2008. Animal diversities and characteristics of environmental change revealed by skeletons unearthed

at Zhongba Site of Chongqing City, China. Chinese Science Bulletin 53 (Supp. I): 74–86. DOI:10.1007/s11434-008-5014-7

Zong, G. and Wei, Q. 1993. New information on Brevirostrinae from the Nihewan Basin in Yuxian County, Hebei Province. Vertebrata PalAsiatica 31: 102–109.

Zrzavý, J., Duda, P., Robovský, J., Okřinova, I. and Ričánková, V. P. 2018. Phylogeny of the Caninae (Carnivora): combining morphology, behaviour, genes and fossils. Zoologica Scripta 47: 373–389. DOI:10.1111/zsc.12293

Zuercher, G. L., Gipson, P. S. and Carrillo, O. 2005. Diet and habitat associations of bush dogs *Speothos venaticus* in the Interior Atlantic Forest of eastern Paraguay. Oryx 39: 86–89. DOI:10.1017/S0030605305000153

Zéunna, A., Ozoliņö, J. and Pupila, P. 2009. Food habits of the wolf *Canis lupus* in Latvia based on stomach analyses. Estonian Journal of Ecology 58: 141–152. DOI:10.3176/eco.2009.2.07

ウエブサイトは 2022 年 1 月時点で確認.

タヌキは排泄を、溜糞場というスゴイ機能を持ったところで行う。仲間の個体情報を収集・分析し、自分の個体情報を提示し、おそらく位置情報（行動圏のどこにいるか）を確認できる。他の生きものにも優しいし、繋がっている。植物には肥料つきで種子分散をし、微生物や昆虫などには食糧を提供する。それに比べ、自らの糞尿を飲める水で流している私たち……。

[著者略歴]

一九五九年　大阪に生まれる
一九八八年　ペンシルベニア州立カリフォルニア大学卒業（Bachelor of Science in Environmental Science）
一九九一年　メイン大学にて修士号（Master of Science in Wildlife Management）取得
一九九三～二〇〇一年　オクスフォード大学 WildCRU（Wildlife Conservation Research Unit）所属
二〇〇一年　オクスフォード大学にて博士号（Doctor of Philosophy）取得
二〇〇四年　国際空手道連盟極真会館茨城支部つくば道場入門
国土技術政策総合研究所緑化生態研究室任期付研究官などを経て、
現在　農研機構畜産研究部門動物行動管理グループ所属
専門　動物生態学

[主要著書]

"The Biology and Conservation of Wild Canids"（分担執筆、二〇〇四年、Oxford University Press）
"Canids: Foxes, Jackals and Dogs"（分担執筆、二〇〇四年、IUCN Publications Services Unit）
"Marten and Fishers (*Martes*) in Human-altered Environments: An International Perspective"（分担執筆、二〇〇四年、Springer）
"*Martes* in Carnivore Communities"（分担執筆、二〇〇六年、Alpha Wildlife Publications）
『日本の哺乳類学②中大型哺乳類・霊長類』（分担執筆、二〇〇八年、東京大学出版会）
"The Wild Mammals of Japan Second Edition"（分担執筆、二〇一五年、Shoukadoh）ほか

What is Tanuki?

二〇二二年七月　五日　初　版
二〇二二年九月一五日　第二刷
検印廃止

著　者　佐伯《さえき》　緑《みどり》
発行所　一般財団法人　東京大学出版会
代表者　吉見俊哉
一五三-〇〇四一　東京都目黒区駒場四―五―二九
電話：〇三―六四〇七―一〇六九
振替〇〇一六〇―六―五九九六四
印刷所　株式会社　精興社
製本所　誠製本株式会社

ISBN 978-4-13-063379-6 Printed in Japan